郑宁 著

陶艺的釉

Ceramic art glaze

修订版

清華大學出版社
北京

图书在版编目（CIP）数据

陶艺的釉 / 郑宁著 .— 2 版（修订本）.— 北京：清华大学出版社，2024.3
ISBN 978-7-302-65724-8

Ⅰ.①陶… Ⅱ.①郑… Ⅲ.①陶瓷－釉 Ⅳ.① TQ174.4

中国国家版本馆 CIP 数据核字（2024）第 051934 号

责任编辑：宋丹青
封面设计：宋　楷
责任校对：王荣静
责任印制：杨　艳

出版发行：清华大学出版社
网　　　址：https://www.tup.com.cn，https://www.wqxuetang.com
地　　　址：北京清华大学学研大厦 A 座　　　　　　邮　　编：100084
社 总 机：010-83470000　　　　　　　　　　　　邮　　购：010-62786544
投稿与读者服务：010-62776969, c-service@tup.tsinghua.edu.cn
质量反馈：010-62772015, zhiliang@tup.tsinghua.edu.cn
印 装 者：天津裕同印刷有限公司
经　　　销：全国新华书店
开　　　本：240mm×225mm　　　　　　印　　张：39⅓　　　　字　　数：349 千字
版　　　次：2005 年 7 月第 1 版　2024 年 5 月第 2 版　　印　　次：2024 年 5 月第 1 次印刷
定　　　价：318.00 元

产品编号：085815-01

满目丹霞

满目丹霞

郑宁仁弟潜心陶釉功德天成

甲申猴年十一月初日凌晨 韩美林

韩美林先生题词『满目丹霞』

『郑宁仁弟潜心陶釉功德天成』

郑宁

1958 年 11 月出生于宁夏银川

1981 年毕业于中央工艺美院，获学士学位

2007 年毕业于清华大学美术学院，获文学博士学位

现任：

清华大学美术学院教授，博士生导师

清华大学美术学院茶道艺术研究所所长

清华大学美术学院学术委员会委员

清华大学教学专家顾问组成员

中国美术家协会会员

中国美术家协会陶瓷艺术委员会委员

中国博士后科学基金会评审专家

ISCAEE 国际陶艺教育交流学会副会长

曾任：

清华大学美术学院陶瓷艺术设计系主任

清华大学美术学院公共艺术研究所所长

第十一届、第十二届、第十三届全国美术作品展览评委

韩国京畿世界陶瓷双年展国际委员

日本东京艺术大学客座研究员

出版专著《日本陶艺》《陶艺的釉》《宋瓷的工艺精神》；
主编《中华文脉：中国陶瓷艺术》（国家出版基金项目）；《龙
泉窑青瓷制瓷工艺》收录于《中国传统工艺全集 第二辑 陶瓷
（续）》（中国科学院"九五"重大科研项目）

序

——陶瓷颜色釉研究的成果

　　郑宁教授长期从事陶艺教学和创作设计，深入认识陶瓷艺术的属性与特征，把握陶瓷艺术设计学科的特点，明确了解创作设计应具备的知识结构。为了使专业教学内容更加完善，创新设计更具特点，他对"陶瓷颜色釉"进行了认真的研究，通过工艺实践总结，写出这本《陶艺的釉》，为从事陶艺创作的同行和爱好者提供阅读的文本。

　　陶艺作品是文化艺术和科学技术的结晶，实体是由坯料和釉料结合烧制而成的。陶瓷坯体构成造型的基本形式，釉层覆盖在坯体表面使其光洁，二者结合确定整体形象和艺术效果。釉面不仅有助于发挥作品的功能效用，而且将其色彩、质地、肌理直接诉之于视觉，加强造型的形象特征和艺术表现力，因而釉在陶艺创作中的作用是不容忽视的。

　　郑宁教授在陶瓷艺术专业领域，具有很好的造型和装饰修养，他重视艺术表现的格调与意蕴，掌握陶瓷艺术表现本体形式语言的特征，善于发挥科学技术对艺术表现的作用。为了提高陶艺作品的表现力，充分发挥材料和技术的潜质，他致力于研究陶瓷釉料的配制和烧成工艺，其目的在于总结方法和规律，在陶艺创作中更好地发挥釉的特质。

　　他的这本专著《陶艺的釉》，是工艺实践系统化的结果，是在设定目标和条件的前提下，通过调配釉料和烧成方式，揭示颜色釉呈色的特点和规律。这一切研究和实验的过程，他都是在工作室中亲自操作完成的，通过切身的感受和认识写成了本书。

　　釉在陶瓷艺术创作中犹如画家使用的颜料。画家调色和描绘完全是凭感觉，靠经验；而陶艺家对颜色釉的运用则是通过科学技术的实施，坚持将原材料进行准确地量化，通过适宜的高温烧成，同时掌握窑炉的气氛。

　　对于颜色釉的配制和选择利用，需要审美判断能力。陶艺家善于发挥原材料的特性，运用的思路比较宽泛，既重视呈色的理化性能，同时不排斥在个别条件下工艺实践中的发现。陶艺家运用多种调配的方法、灵活的尝试，充分发挥釉的艺术表现力。

　　为了更好地提高陶瓷创作设计的艺术水平，郑宁教授研究陶瓷颜色釉，立足于陶艺家的视角和追求，着重于对呈色、质地、肌理的研发和掌握，发挥陶瓷艺术本体语言的特质，充分彰显釉的丰富表现力。

　　颜色釉是形成陶艺作品风格特点的重要因素，所呈现效果的进步是显著的，因而从事陶艺创作应该掌握配釉的技能，这有助于表现独特的创意。但是，在以往比较长的时间里，陶艺家们既没有自己的工作室，也不掌握颜色釉的配制方法，创作设计大都是在各地陶瓷厂就地取材进行的。因为利用厂里有限的坯料和釉料完成工艺制作，虽然造型与装饰各不相同，但使用厂里同一类型的釉，烧成后不同作者作品大致类同，影响陶艺家作品个性的表现和创造才能的发挥。

为了提高陶艺作品的工艺质量和艺术质量，陶艺家应该艺术地掌握陶瓷工艺知识和相关的技能，学会釉的配制方法和运用的技巧，在完善知识结构的过程中，更好地表达自己的创意追求和风格特点。

郑宁教授《陶艺的釉》一书的出版，在教学和创作实践中发挥了很好的作用。相信他会在这一基础上，继续对釉的运用技巧和表现方法，以及典型范例作品做出分析，写出研究和论述的续篇。

楊永善

2021 年 5 月 24 日

再版序

　　没想到，一部《陶艺的釉》在社会上反响如此之大，线上线下都说一书难求。从 2005 年第一次出版印刷至今，它的线上售卖价格翻了 10 多倍，据说最高已达 20 多倍，大多还是二手的。

　　很多朋友劝荐再版，而我一直忙于各种工作，没有在意。长期以来，总是感觉事情多得做不完，难以抽闲回过来再去着手处理已经做完的事。现临近退休，有些闲时，不时回味过去，于是，《陶艺的釉》再版进入计划。

　　研究釉，实在是其乐无穷。近 20 年前，开始做釉，胸怀理想，是要去实现一个陶艺的梦。近 20 年之后，回顾审视，更多感慨的是不足与不够，还想再做。当时这部《陶艺的釉》的所有试片，只是在短短数月间完成的，也只烧了两窑。一窑氧化，一窑还原，用的是同一个液化气窑。之所以当时要尽快完成，是后面还有更多要做的事情在等着。

　　试釉实在是太具魅力的一项工作，那种充满想象、充满寄托、充满期待的思维状态与实践行为，至今回忆起来，激情犹存。

　　这部《陶艺的釉》，它记录的不仅仅是技艺，更是一段时光的沉淀与思考。再版之际，反思自己的探索之路，陶艺上釉不仅仅是一种工艺实践，更是与心灵对话的一种方式。

　　近 20 年的时光，新技术、新材料层出不穷，但《陶艺的釉》所蕴含的，是对艺术基本规律的尊重与对传统工艺基础技术的坚守。这里的研

究价值，在于它激励着一代又一代热爱陶艺者回归本源，去探寻那些最
纯粹的生命理念和技艺精髓。

　　我希望这次再版，不仅仅是重印一本书，更是对过去经验的传承与
分享，激发更多人对陶艺的热爱，不论是陶艺新秀还是资深探索者，都
能在这些页码间找到灵感，享受那份对陶艺的无尽热情所带来的快乐。

　　如今，此书再版，但愿它依然拥有激励做陶人的力量，能在更多的
读者手中发挥作用，使更多的陶艺妙品现世。

2023 年 11 月于清华美院

开篇前的话

　　我学陶作陶,历20余年。然,于釉工艺,却敬而远之。敬,因它神妙;远,因缺乏化学自信。如此思想,年复一年,自足于所谓陶瓷的艺术性追求。虽曾偶然闪现过釉的试验设想,而一直疏于实践。故,创作所用之釉,多属外借,作品因此也远不属于自己的纯粹创作。甚憾。

　　1999年,我就职的中央工艺美术学院并入清华大学。说不上是否由此艺术与科学结合之缘,我走近了釉的试验。这次的确真来了兴致,一干数年。

　　我作陶,曾经钦佩艺术名家、大师,并视为楷模而学之。然而,后来的实践使我日益感到,真正值得敬重的乃是默默无闻的陶工,他们毕生练就的娴熟技艺令我叹服。我试釉,曾因深惧化学奥秘而未敢涉足。今大胆尝试,得釉方数千,不再去迷信釉的化学专家了。观历史名釉,无不出自无名陶工之手。

　　俗语说 "隔行如隔山",实际隔山也不可怕。山山相连,自有可通之道。领域不同,道理相通。隔乃心中自隔,打开隔阻,自然相通。

　　我悟试釉与创作一样,要有心境与心智。以心境体会自然元素演化之行性,以心智研究综合因素变化之规律。有了追求,再有方法,持之以恒,试釉自有心得。

　　古往今来,釉方多属秘方,不外传,多少优秀技术因此失传。

　　知识乃天下之公器，尤其是现代大学教育的知识，更应为多数人共同理解并掌握。实际上，凡知识总是集中了多人的智慧。我试釉也同样少不了前辈的教诲、同辈的帮助，以及后辈的促进。这里的成果，据为私有之心实不可取。知识只有传播到大众中去，才能称其为知识，才有用处，才不负教育之使命。我今试釉，只为陶艺教学，遂将釉的试验方法连同数千配方结果一并公诸于世，供同道参考。

　　实际上，单有配方，依然没有解决釉的所有问题。因釉效果最后的产生，是多种因素的综合体现，尚有多种问题需要研究，如原料来源、制釉方法、施釉方法、燃料类型、窑炉构造、烧成气氛等。本书仅仅是关于釉试验方法的一个提示。

　　愿作陶人勇于实践，配制出更多自己喜好的釉，圆一个真正的陶艺美梦。

郑宁

2005 年 5 月

目录

理论篇
釉的基础知识

釉，陶瓷器物表面的一层玻璃质物质。它利用某些天然矿物和化工原料，按一定比例配制，经高温作用熔融后覆盖于坯体表面，具有抗酸碱性强（氢氟酸和热碱除外）、不透水、不透气、质地致密、光滑、有光泽、硬度大等性能。它同时呈现多种色彩及光亮、析晶[1]、乳浊、消光[2]、裂纹、窑变[3]等视觉效果。

其作用归纳如下：第一，提高陶瓷坯体的化学稳定性，使器具对液体和气体具有不透过性，易于使用；第二，改变陶瓷坯体的物理性质，使器具平整光滑，便于清洁；第三，改变陶瓷坯体的表象特征，使陶瓷表面色彩斑斓、变幻万千，展示出特有的美。

学习配釉，要解决两个重点：一是有关原料的理论知识；二是有关试验的基本方法。理论知识主要解决用什么以及为什么用的问题，试验方法主要解决怎样用的问题。当然，理论知识包含着实践经验，实践经验本身也是知识，两者互补。

化学教科书教给我们很多专业知识，知识当然重要，但是习惯于艺术创作实践的作陶者，往往疏于钻研看似枯燥的化学理论。回顾历史，许多优秀的传统釉，也并非是在化学知识的指导下调配的，而主要依靠经验积累，产生于长期的工艺实践。所以，对于作陶者而言，最有用的知识是：制釉的原料是什么？各种原料在窑内高温时会出现什么样的反应？数种原料混合时会有什么样的情况发生？如何试验比较容易获得自己喜欢的釉配方？

本篇就有关釉原料的基础知识和试验方法进行简要阐述。

1 **析晶**：从熔体或玻璃中产生晶体的过程，又称结晶（但"结晶"也可当作实物名词，即晶体）。析晶过程包括晶核形成和晶体生长两个阶段。

2 **消光**：或称无光，釉质呈丝光或玉石状光泽而无强烈反射光。可用下列方法制成：使用易于析晶的釉料，釉烧后冷却时釉中形成许多微细的晶体，均匀地分布在釉面上，从而使釉面无光（失透）；将制品用稀氢氟酸腐蚀，以降低釉面的光泽；稍降低釉烧温度也可使釉面无光。

3 **窑变**：泛指釉在窑中烧成的各种呈色变化。由于釉中铜、铁等着色剂对火焰十分敏感，烧成时变化不定，呈色万千，故名。日本人所称"曜变"或"耀变"，则是特指一种纯黑或绀黑而带花纹的色釉，制品与油滴、星盏相似，其含义不同。

第1章　釉的原料

釉的原料可分三类：天然矿物、呈色金属化合物、灰。

1.1　天然矿物

1.1.1　矿物的基本概念与主要类型

矿物是地壳及地幔中的化学元素经过各种地质作用而形成的物质，具有一定的化学与物理性质，相对稳定于一定的物理、化学条件中，当外界条件改变到一定程度时，其性质就会发生变化。

各种矿物均含杂质。所谓杂质，不是指外来的混入物，而是指内在的化学成分。

地质学将矿物分为三类：内生、外生、变质。

内生矿物，或称原生矿物，由内力作用形成。是指地下深处高温高压条件下的岩浆（含有各种元素的硅酸盐熔融体）在沿地壳裂缝上升的过程中，随着温度和压力的降低逐渐冷却、凝固、结晶而生成的矿物。如橄榄石、辉石、角闪石、云母、长石、石英等。

外生矿物，也称次生矿物，由外力作用形成。是早期形成的露于地表的矿物，在常温常压条件下，受风化、沉积等外力地质作用而形成。如黏土、铁铝氢氧化物、石膏等。

变质矿物，由变质作用形成。是先已形成的矿物在新的条件（一般是高温高压）下，发生成分、结构变化而形成的矿物。如石榴石、红柱石、硅线石等。

自然界中已经发现三千多种矿物，大多为化合物，少数为单质；大多为固态，少数为液态或胶态；大多为结晶质，少数为非结晶质。

1.1.2　配釉常用的天然矿物

所谓常用的配釉原料，不仅取决于其在釉中的优劣作用，也取决于采集与购买是否便利等因素。故，配釉原料常因地、因人而异。一般而言，石英、长石、高岭土、石灰石等矿物应当必备。石英、长石、高岭土属基础原料，石灰石属熔剂[1]原料。

1. 石英

石英的化学成分主要是二氧化硅（SiO_2）。硅在釉中的作用有：提高熔点，降低熔融时的流动性，增强抗化学侵蚀力，降低膨胀系数，增加机械强度和硬度。

硅用于釉中有两种形式：一种是石英类纯硅石矿，这类矿物虽也含杂质，但其主体是硅；另一种是作为化学组成成分之一，与多种物质混合于一体的矿物，例如高岭土。无论哪种形式，硅在釉中的作用都同样。大多数釉，硅的含量占50%以上。

由于地质经历不同，石英呈多种状态，且纯度不同，杂质的成分主要是Al_2O_3、Fe_2O_3、CaO、MgO、TiO_2等。

水晶是最纯的石英晶体，但世界范围内储量稀少，一般不供制作陶瓷使用。块状石英纯度也较高，主要来源于脉石英，是比较理想的制釉原料，但储量也少。

陶艺对石英纯度要求并不太高，一般而言，$SiO_2 \geqslant 90\%$、$Al_2O_3 \leqslant 2\%$、$Fe_2O_3+TiO_2 \leqslant 2\%$就具有使用意义。石英岩、石英砂岩、石英砂、燧石岩、硅质角岩、湖海石英砂以及水晶或块状石英的废料尾矿[2]等都可以利用。

2. 长石

长石有三种主要类型：正长石、钠长石、钙长石。

正长石也称钾长石，分子式为$K_2O \cdot Al_2O_3 \cdot 6SiO_2$，烧成范围最广，

---

1 **熔剂**：陶瓷生产中为降低材料的烧结温度而加入的物质。它能使材料在较低温度下产生液相，促进烧结。

2 **尾矿**：原矿或选矿过程中的某种产品在经选别作业选收精矿后剩余的部分。如原矿经粗选作业产得粗精矿后，剩余的部分为粗选尾矿；粗精矿经精选作业选别后，产得精选精矿，剩余部分为精选尾矿；选料厂大量排出的是最终尾矿。前两种尾矿通常均在选矿过程中加以处理，而最终尾矿一般是由相对无用的脉石组成，视为弃物堆存于尾矿坝（或尾矿场）或用于井下充填或开展综合利用。

烧成后釉质的强度和耐久性都很好。

钠长石分子式为 $Na_2O \cdot Al_2O_3 \cdot 6SiO_2$，熔融温度较低，适于配制效果柔和的釉，易于各种金属氧化物呈色，但膨胀率比钾长石高，易显裂纹。

钙长石也称灰长石，分子式为 $CaO \cdot Al_2O_3 \cdot 2SiO_2$，储量较少，熔融温度高，一般很少在配釉中使用。

各种长石均为天然矿物，其化学式只是理论上的表示，实际上成分复杂，不仅含铁等少量杂质，且每种长石都或多或少含有其他长石的成分。

若单纯使用一种原料制釉，长石是很好的选择。长石熔融范围广，为1180℃~1300℃，其熔融状态与外观变化都区别不大。长石价廉，而且容易处理，是最常用的基础原料，通常加入量可达70%左右。添石灰石适量，即可形成较好的玻璃质。

3. 高岭土

高岭土，分子式为 $Al_2O_3 \cdot 2SiO_2 \cdot 2H_2O$。用高岭土配釉，主要目的是利用其中的氧化铝和氧化硅。

高岭土一般最大用量为20%。如需更多，宜煅烧后使用。纯高岭土可塑性差，添可塑性较强的其他黏土5%~10%，可使釉浆呈悬浮乳浊状，提高釉的附着性，易于施釉。

高岭土是理论上的纯黏土，不含杂质。但实际使用的高岭土常含铁等不纯物质，这些不纯物质会导致釉呈多种色泽，最常见的是奶油色。

各种黏土都可以作为高岭土的代用品，但一般黏土常常含铁，耐火性有可能减弱。当黏土的含铁量达到3%~8%时，即是常见的黄土，这类黏土既可以作为深色釉的基础配料，也可以单独使用，成为民间制陶常用的黑褐色釉。

4. 石灰石

石灰石即碳酸钙（$CaCO_3$），干粉状，价廉，是很好的熔剂原料。

熔剂原料的作用是降低熔点。比较常用的熔剂原料除石灰石，还有碳酸钡、碳酸锶、碳酸镁等，这些金属化合物在釉中的作用基本相同。

石灰石加入量的多少，对轴的光滑度、透明度、细润度颇有影响：量少，釉的坚固性与耐久性强；量多，釉的光泽感强。添适量氧化铝或氧化硅，渐呈半透明，无光或乳浊状。

石灰石烧成时有利于铁和铜的呈色。在还原气氛下，含铁呈淡蓝或青瓷效果，含铜略显红。

石灰石烧成时有二氧化碳析出，呈游离状，易出气泡。可用萤石（CaF_2）代替，以为弥补。

5. 碳酸钡

富含碳酸钡的天然矿物是毒重石，原矿有毒，常用的碳酸钡（Ba_2CO_3）多取自重晶石，溶于水，约1360℃熔融。

碳酸钡有利于金属氧化物呈色，用量为15% ~ 20% 之间，呈无光或乳浊效果；超过20% 将导致釉面干涩；碳酸钡与长石各按50% 配比，再添氧化铜1%，呈土耳其青绿，且有玉质感；如再添氧化镍1%，呈紫色，厚釉的效果较好，但流动性强，适量加入树胶之类的天然黏着剂，可以有所避免。

6. 碳酸锶

碳酸锶（$SrCO_3$）多提取于天青石原矿，助熔性好，无毒。在低温釉中，其作用类铅。在高温釉中，其作用类钙或钡。用量适当，有助于釉面的光洁感和透明度，并能提高釉的硬度，不易划伤。但产量稀少，且尚存许多未知因素，故很少使用。

7. 碳酸镁

在低温釉中，碳酸镁（$MgCO_3$）的作用是提高耐火度；在高温釉中，碳酸镁是强力助熔剂。

碳酸镁分轻质与重质两种。两者化学式相似，而重质的稍难溶于水。

碳酸镁比较突出的作用有二：一是抑制釉的膨胀系数，利于坯釉结合；二是抑制釉的流动性，易显结晶。它与碳酸钡组合，呈无光状；含钴微量，稍显紫；含镍，略呈绿。

碳酸镁易溶于水，常以某种矿物的组成成分之一添入釉中，如白云石（$CaCO_3 \cdot MgCO_3$）。

8. 钠（Na）和钾（K）

这是两种碱性原料。此类金属物质反应活跃，常存在于各种不同性状的长石中，配釉时或以长石的形式加入，或以熔块的形式加入。钠易溶于水，其水氧化合物类似肥皂，可以用于洗衣。钠和钾的膨胀系数很高，容易起裂纹，抗撞力也弱，但是易于着色金属物的碱性反应，装饰效果好。

木灰也是良好的碱性原料，因成分复杂，难以准确表示。

9. 锂（Li）

锂的作用和钠、钾基本相同。但锂的反应更活跃，效果更强烈，特别是与钾长石、钠长石组合使用，效果更佳。纯度最高的是碳酸锂，含锂约40%，极易溶于水。但相比而言，氧化锂的呈色反应更强，烧成范围宽，釉的光亮度也好。

一般配釉多利用自然矿石中的锂。如鳞云母矿石，含氧化锂约3%；锂辉石，含氧化锂约7.2%；磷铝石矿，含氧化锂约10.1%。

10. 铅（Pb）

铅或铅氧化物，多提炼于方铅矿石。常用的氧化铅有两种：一种是一氧化铅（PbO），常称密陀僧，不溶于水，溶于碱性溶液和某些酸性溶液；另一种是铅丹（Pb_3O_4），也是不溶于水，溶于某些酸液。

铅作为釉原料有很多优点，釉面平滑、光亮。但熔点低，易划伤，坯体强度和釉的附着性均偏弱。

铅有毒性，危险性大，用时须格外注意。改用硅酸铅玻璃代之，可避免某种有害性，但依然不适用于餐饮器具。

11. 硼砂（缩合硼酸盐钠）

硼砂：含氧化钠16%、氧化硼36%、水48%，溶于水和酸。200℃前后熔解。无水硼砂和脱水硼砂比硼砂的熔融温度还低，硼砂与无水硼砂的比重大约是100∶53。

硼砂是强力熔剂，由于极易溶于水，配釉不易操作，可将其制成熔块，或改用天然硼矿石代替。

中低温釉，多用硼硅酸盐，其作用类铅，效果很好。高温釉，各种硼砂都可用，增加光泽，促进熔融，效果均佳。若釉中含石灰石，可望出现朦胧的青白色，且时有意外窑变。如欲增强乳白效果，釉下施以化妆土，效果更好。

12. 氧化锌（ZnO）

氧化锌，具助熔作用。抑制高温时釉的膨胀，防止裂纹，并能增强亮丽感。用量和效力依不同配方而定。与氧化铝或少量石灰石相混，呈强白乳浊状，尤以长石釉效果为佳，但若含硼硅酸盐，则无乳浊效果。含氧化锌的高温釉，釉的适应性强，烧成温度范围宽。氧化锌用于色釉时，对呈色氧化物的影响很大，有时甚至可以改变色相或使颜色消失，如弱化钴或铜的蓝、绿呈色，使铬之呈色变为褐色。但运用得好，则会很有效果。

氧化锌配制结晶釉，有奇效。达到熔融极点时，产生结晶。这时如急骤冷却，氧化锌便呈浮游结晶状凝结，并吸收釉中的着色氧化物，显现亮丽的结晶。氧化锌含量越高，结晶越清楚。

施薄釉比厚釉效果好。若釉层过厚，氧化锌将悬浮于釉层中，效果欠佳。

1.2　呈色金属化合物

1.2.1　铁

铁（Fe）是最常用的呈色剂，多为天然原料，含多种杂质，成分复杂，其复杂因素对釉的呈色效果产生着各种影响。

在釉中，铁的主要作用是呈色，当用量超过5%时，略有熔剂作用。它对窑内烧成气氛反应敏感，还原烧成，依其用量，呈色范围从青白到黑不等，变化颇大。而氧化烧成，呈色范围则是从黄到褐或黑，变化相对不大。从釉的构成分析，镁对铁的呈色有抑制作用，而氧化钡、氧化铝对铁的呈色有促进作用。

常见的氧化铁有Fe_2O_3和FeO。Fe_2O_3为红色，FeO为黑色。FeO粒子较粗，烧成反应比Fe_2O_3强，个别还有人喜用Fe_3O_4。

铁釉色泽丰富，变化万千，是古时中国最常见的釉。蜂蜜般的褐色釉，深邃的天目釉，清澈的青瓷釉，均是铁釉的代表。

氧化气氛下，长石质透明釉中含铁2%，呈黄色，含铁3%～10%，呈色从褐到黑。白云石或滑石含氧化镁的釉，含铁2%，呈无光淡黄色。

还原气氛下，含铁0.5%～1%，呈青灰色；2%～5%，呈淡青到浓青色；8%～10%，呈黑色。个别釉含量达到12%时，微显金属光泽，且呈乳浊状。

宋代天目釉，是铁釉的代表，口沿或造型突起部位，釉层稍薄而略呈茶色，而厚釉处褐中透黑，黑中闪蓝，偶有橘皮似的斑迹显于表面，质朴而深沉。油滴釉也是铁釉的代表，密密的小斑点，均匀地布于釉层表面，与深底色相映，微微银光闪烁，妙趣横生。类似的还有兔毫釉。

氧化铁与某些呈色氧化物适度混合，会使其呈色变得含蓄、沉稳，如与氧化钴混合，蓝中泛灰，别有致趣。

1.2.2　铜

所有金属中，铜（Cu）的呈色变化最多。一般而言，氧化呈绿，还原呈红。

古时，中国呈色多用铁，而西亚呈色则多用铜。著名的土耳其玉釉是铜釉的代表，其中多含碱（特别是钠），加上坯料为浅灰色，或上有化妆土，铜的显色很美。

铜的呈色能力很强，但含量超过3%会降低熔点。用量过大有可能出现金属焊斑似的遗痕。

常见的铜有三种。第一种是氧化铜（CuO）：黑色，颗粒最粗，纯度最高，反应能力最强。第二种是氧化亚铜（Cu$_2$O）：红色，属还原状态，耐高温性强。第三种是碳酸铜：多为淡紫或淡绿色，颗粒最细，反应稳定。

烧成铜时有一特点，在温度达到1050℃左右时，铜开始挥发，但此时釉料已熔，阻碍了铜的气化。随着温度的继续升高，残留于作品中的铜继续释放。此时，若是还原气氛，气孔基本被封闭，释放出的铜不能迅速排出，导致作品某些局部出现效果不好的绯色或灰绿色，时常还会影响邻近作品。不过，氧化烧成，一般无大问题。

碱性釉利于铜的发色，含铜1%～2%即显青绿，为促其显色，可适量添加碱性熔剂、熔块或天然矿物，如钾、钠。铜釉易出裂纹，若坯料含硅80%～85%，会适当避免裂纹，不过要注意缓慢降温，否则坯体易裂，特别是650℃~550℃之间保温时间要长。

含铅或氧化锌，熔点虽降低，却不碍铜之发色。含镁或钙之釉，添铜1.5%，氧化呈绿，还原微显红，若续添铜，氧化渐趋深灰绿，并显小斑，形成斑纹釉，很别致。

1.2.3　钴

氧化钴，黑色，着色力极强。含量达0.25%即显蓝，超过1%逐渐呈深蓝。钴（Co）呈色稳定，无论氧化、还原，显色不变。若轴中含镁适量，微显紫。

氧化钴与铁、锰、铜、钛等的氧化物混合使用，呈色会有微妙变化，或沉稳，或柔和，善用可获理想效果。

碳酸钴颗粒较粗，着色作用相对弱一些，若磨细，少量使用效果亦佳，且不易聚色块，可均匀分散于釉中。

青花是以钴为原料的装饰工艺，精美的白瓷上绘以蓝色纹饰，清新、明快。

1.2.4　锰

锰（Mn）的呈色不太稳定，主要是褐、紫、红、黑。从使用量与稳定性分析，褐色为多。掺入适量铁，呈暗褐，效果甚佳。如长石质釉，掺铁7%、锰3%，呈深沉而含蓄的暗褐色，颇有雅趣。碱性釉中，锰呈紫褐或紫红。若温度偏高，呈色则相对减弱。锰、铁、钴混合可配制黑釉，如锰2%、铁4%、钴4%。但在某些碱性釉中，锰的呈色略显不均。添碳酸锰适量（勿过细筛），可显幽隐之斑纹，别致有趣。

1.2.5　铬

铬（Cr）主要呈绿色，熔点高，不宜过量使用，最多不要超过2%～3%，一般含量以1%～1.5%为宜，过之易失透[1]。重铬酸钾之液态铬，效果较柔和，但处理不好也易失透。与氧化锡结合（铬之含量0.5%～1.5%），氧化烧成时，易导致某些局部显绯红色，效果欠佳。为避之，可注意发挥碱性助熔剂的作用。有的传统含铬之釉，以大量的铅为助熔剂，800℃～900℃烧成。此类釉，因含氧化铝少，流动性强，不

[1] **失透**：也称反玻璃化，即玻璃失去原有的透明性。习惯上失透釉指有光泽但不透明的釉。釉中有微细结晶析出，光受分散结晶的阻碍而不能透过，透明性降低，但并不影响光泽。

适用于立体器型，但施于平面器物上烧成没有问题。由于含铅，有毒，不适用于饮食之器。因装饰效果好，也较为常用。

1.2.6　镍

镍（Ni）的呈色效果较难预测，一般很少单独把镍作为着色剂，大多是为了加强或减弱发色效果，与其他氧化物混合。镍多呈褐或灰色，也有绿、蓝、黄、紫等呈色可能。与氧化锌配合显色效果颇佳。锌含量多，镍呈深蓝。锌含量少，镍呈紫红或褐色。镍与铬类似，均耐高温，用量超过2%～3%，烧后呈粗质粉状。含碳酸钡的长石质釉，加镍0.25%～1%，呈紫色，釉质鲜亮。含碳酸钡和氧化锌的釉，加少量镍呈绯色或淡紫。

1.2.7　钒

钒（V）的用量不同，呈色从黄到褐不等。钒着色力较弱，用量达5%方显黄，但用量过多易形成无光乳浊状。与锆、硅调配呈青蓝，但稳定性差。用量达10%呈红褐，无光。与锡调配，呈鲜黄。

1.2.8　铀

铀（U）熔点较高，中温烧成，多呈红色。高温氧化，呈黄或黄绿色，鲜亮华丽，时趋艳俗。铀有放射性，且价高，不实用。

1.3　灰

灰分两类：一类为植物灰，一类为动物灰。

1.3.1　植物灰

植物灰即草木灰。植物种类多，且根、茎、叶等不同部位成分也有差异，加上传统釉使用之草木灰常常是多种植物混杂于一起，故其化学成分难以简单析明。

草木灰配釉效果极佳，中国自古即大量用之。

配釉之草木灰常因地而异，各种草木灰都可以使用，如柞木灰、榉木灰、橡木灰、栗皮灰、杉木灰、松木灰、果木灰、杂木灰、土灰、竹灰、麦秆灰、稻草灰、稻壳灰等。灰的成分不同，烧成效果自然有别。

草木灰种类虽多，化学成分变化却不是很大，一般而言，包含着钙、硅、铝、镁、铁、锰及磷酸等物质。草木灰大致可分土灰、木灰、草灰三类。

1. 土灰

所谓"土灰"，乃农家燃炉烧灶之残余灰烬，多含杂物，成分难以确定，普通土灰多含铁与锰。用其制釉，氧化气氛显黄，还原气氛呈淡青。民间陶器常用此类灰。

2. 木灰

木灰，乃燃树烧木之残余灰烬，一般含铁较少，可作瓷器或白陶的配釉原料。

3. 草灰

草的种类很多，稻草灰较为常用。稻穗、稻壳及竹类之灰烬多含氧化硅，不具助熔性，多作为硅质原料而使用。

1.3.2　动物灰

动物灰即骨灰。各类动物之骨灰均可使用。其中多含磷酸，用于制釉，质感柔和，时有乳浊效果出现，别具雅趣。

第 2 章　釉层的显微结构与表层效果

釉有多种效果，如透明、乳浊、结晶、有光、无光等，决定效果的因素是釉层的显微结构。

釉层的显微结构包括三部分：玻璃相[1]、残留与析出晶体以及气相[2]。

2.1　透明与乳浊

釉的透明与乳浊是釉性矛盾的两个方面。

透明与乳浊的程度由釉层显微结构中的玻璃相、残留与析出晶体、气相三要素决定。

一般而言，釉层所含玻璃相纯化程度愈高，残留与析出晶体以及气相含量愈少，釉愈透明。

透明程度较高的釉一般是由硅酸盐透明玻璃组成。乳浊形成的原因主要是釉层显微结构中存在与基础玻璃相性质不同的第二相或多相，使入射光线在多相的界面上产生复杂的散射、折射、漫反射等光学现象，造成光线透不过釉层而形成乳浊。

釉层显微结构中的第二相有气相、液相、固相三种，其颗粒的大小、数量、分布、折射率[3]等因素都直接影响透明与乳浊的程度。

气相就是釉层中的气泡，由釉本身以及坯体析出的气体形成，多呈圆形。釉层中气泡愈少，釉的光泽度和硬度愈高，反之则低。一般而言，釉的玻璃相折射率为 1.5 左右，而气相的折射率为 1.3 左右，两者间存在一定差距，因而形成乳浊。直径不足 0.1mm 的气泡分布于釉层中，即能形成乳浊与不透明现象，当气泡大到能用眼睛直接看到时，对釉面的光泽度有明显影响。

1 **玻璃相**：又称液相，陶瓷显微结构中由非晶态固体构成的部分。它是存在于各晶粒间的一种易熔物质，可使陶瓷体内各晶体黏结在一起，使烧成温度降低；同时它还可能抑制晶粒的长大，从而获得细晶致密陶瓷体。

2 **气相**：又称气孔，陶瓷显微结构中由气体构成的部分。陶瓷在制造过程中残留于制品内的气孔一般有两种存在形式：一为封闭气孔，一为开口气孔。各种陶瓷性能要求不同，气孔量的允许程度也各异。一般陶瓷含有 5% ~ 10% 的残留气孔，采取一定工艺后可以使气孔降低到接近于 0%，成为非常致密的陶瓷。气孔的存在可使陶瓷机械强度减低，绝缘性能下降，介电损耗增大，透光率显著下降。

3 **折射率**：光通过界面时，入射角正弦与折射角正弦的比值。一般用 n 表示。若第一介质为真空，称绝对折射率，等于光在真空中的速度与在介质中速度的比值，$n=C_0/C$（C_0为光在真空中速度，C 为光在介质中的速度）。对两个介质而言，称相对折射率 $n=C_1/C_2$（C_1、C_2分别为光在两个介质中的速度）。

　　液相乳浊的形成原理，是釉玻璃中出现了与基础玻璃相互不混溶的液相，也就是说存在液相分离。如含硅量高的釉，适量加入磷酸盐，烧成后，因磷玻璃不同于硅玻璃，出现液相分离，从而形成乳浊。

　　固相乳浊是由于釉层中晶体的存在而形成的。在烧成冷却的过程中，釉将由液体转变为固体，釉层出现析晶。这些结晶固体，分布在釉中或表面，从而导致釉层失透。釉层中的晶体有两种，一种是未熔的残留石英颗粒及其变体，另一种是冷却时从熔体中析出的各种晶体。晶体的折射率与玻璃相的折射率相差较大，使入射于釉层中的光线反复进行散射、折射、漫折射等，导致釉层失透。

　　根据上述原理，在具体实践中，可考虑从以下几方面对釉的透明与乳浊程度进行调控。

2.1.1　烧成温度的控制

　　理论上，优质的透明釉料在烧成达到一定温度时，釉中物质都处于熔融状态，冷却后自然出现光洁、清澈、透明的玻璃质釉面。若有意控制温度，在其尚未全熔之时中止烧成，就会出现乳浊。因熔融前尚有未熔原料悬浮于釉层，犹如清水中搅入黏土，冷却固化后即呈雾状。这种因温度不足而失透的釉若复火再烧，使其完全熔化，依然会清澈、透明。当然，什么温度时停烧效果最佳，则需长期试验。

2.1.2　釉层气泡量的控制

　　釉层中的气泡是失透原因之一，可通过气泡含量的加减调节釉面的透明度。此法利用得好，可呈现云雾蒙蒙般的效果。因烧成时气泡从釉中逸出速度与釉层厚度有着密切的关系，气泡量的增减除烧成以外还有两种方式：一是配料中添加高温时易释放气体的挥发性原料；二是施釉时适当增加釉层厚度。

但由于工艺上很难控制使釉层中气泡分布均匀，且气泡过多会影响釉面的硬度，所以如果不是追求特殊的效果，一般不宜用此法。

2.1.3　乳浊剂含量的调配

釉之所以乳浊，主要是因为釉层中存在一相或多相与釉玻璃折光率不同的混合物。因此，若有意添加能够产生这类混合物的矿物或化工原料，无疑会促进釉的乳浊性。这类原料俗称乳浊剂，常用的有锆、锡、钛三类，如锆石英、硅酸锆、锡榍石、钛榍石、氧化锆、氧化锡、氧化钛等。其中有天然矿物，也有化工原料。无论哪类，均具有乳浊作用。一般含锡1%～3%，呈半透明或略显云雾状，含量达5%即失透。

另外，某些氧化物超过常规用量，会产生失透。如氧化锌、氧化钙、氧化钡、氧化镁、氧化铝等。

氧化铝常对晶体的形成有阻碍作用，有时适当增加氧化铝用量，可以增进釉的透明度。

2.1.4　配料颗粒粗细的细节

一般来说，釉层中以石英为代表的瘠性原料，颗粒愈细小（当然不是过细），则釉面愈平整，透明度愈高，光泽度也愈强。

当然，应综合考虑各种方法。

釉的透明与乳浊，变化很多。半透明釉如磨砂玻璃，釉下纹饰若隐若现，含蓄、深邃。应根据自己的构思，把握透明与乳浊的分寸，采用相应的方法，实现自己的设想。通过乳浊剂的添减、釉层的厚薄、烧成温度的调配可以实现。或采用更简单的方法，在透明基础釉中加入少量氧化锡或氧化锆。

2.2　有光和无光

　　与透明、乳浊一样，有光与无光也是釉性的一对矛盾。釉面光亮的程度也取决于釉层显微结构中玻璃相、残留与析出晶体及气相三要素。

　　釉层中各相折射率愈大、愈接近，釉面的光泽度愈强；釉层中气泡愈少，釉的光泽度和硬度愈强；釉层中石英颗粒愈细小，釉面愈平整，光泽度也愈强。

　　无光釉实际上是乳浊釉的一种特例。

　　无光产生的主要原因，是釉高温充分熔融后，缓慢降温的过程中某些成分因过于饱和而析出微晶，并使大量微晶从表层到内部呈均匀状态分布，从而导致釉表面不平整，呈波浪状，因此减弱了入射光线的镜面反射，增强了漫反射，形成无光效果。

　　釉的微晶体一般来自钙长石、钡长石、硅锌矿、滑石、辉石、莫来石等。无光程度的调整，同样在于釉料组成、釉层厚度、加工因素、烧成制度[1]等。调节有光与无光的程度可以考虑以下方法。

2.2.1　控制火温

　　有些无光釉可以通过烧成温度的控制产生。不使釉料完全熔化，高温时黏度依然很高，冷却后釉面表层粗糙不平，导致无光。

　　有些无光釉可以通过缓慢冷却，促使釉中大量微晶体产生，形成无光。这种无光效果比较含蓄，也称隐晶釉。

2.2.2　增加耐火原料

　　增加耐火原料的目的是使釉在高温时仍处于未烧熟状态，并由此形成无光。氧化铝、氧化钙、氧化镁、氧化硅等属此类原料，有些黏土或白垩也有类似作用。

　　氧化钡比较特别。用量超出0.2左右相对分子量时，大都产生无光釉。

1 **烧成制度**：烧成过程中温度制度、压力制度和气氛制度的总称。温度制度包括合理的升温曲线、烧成温度、保温时间和冷却曲线等。压力制度规定窑中各部位的压力，以保证烟气畅通，并保证各部位的温度符合规定。气氛制度则是指按要求调节窑中气氛氧化或还原程度。

但是，在多含氧化硼（B_2O_3）的釉中，钡的增加不仅不会产生无光，反而与前者结合，形成共熔混合物，成为熔点低、流动性强的高玻璃质釉。一般而言，钡质无光釉质感柔和、滑润。

无光釉艺术效果虽好，但不易清洗，用于餐饮之器须慎之。

2.3　结晶

结晶釉与乳浊釉的显微结构明显不同。结晶釉或是釉层某部位出现大结晶体，或是多个晶体聚集在一起，构成不同形态的晶簇[1]。它们不是均匀分布在整个釉层，而是以晶花的形式出现在釉面，如星点形、花叶形、辐射状等。晶体通常是硅酸盐晶体，大小差别很大，小的数毫米，大的数十毫米。若添加少量呈色金属氧化物，如铜、钴、镍等，可使晶体呈现美丽的色彩。结晶釉形成的关键因素是晶核形成速度最大值与晶核成长速度最大值的控制。临界成核的温度时，成核速度最高，温度升到1200℃以上，大部分晶核将被熔化，当冷却到迅速生长区时，剩下的少数晶核就可以结合产生较大的晶花。

影响晶核生成的主要因素是釉料组成和烧成制度（特别是冷却制度）。

1 **晶簇**：以共同基底而生长的，由一种或几种具有完好晶形的矿物单晶所组成的集合体。在巨大的洞穴中生长的晶簇，由于空间较大，常具有发育完好的单晶体。如压电水晶、光学萤石和冰洲石、电气石等均产于这类晶簇中。又如具有晶洞构造的铸石残品，其晶洞壁上有黄长石晶簇。

第3章　釉的试验方法

3.1　制定配方的前期基础

3.1.1　釉配方的化学基础

釉的组成可分为酸性氧化物和碱性氧化物。酸性氧化物如二氧化硅（SiO_2）、氧化硼（B_2O_3）等，碱性氧化物如氧化钾（K_2O）、氧化钠（Na_2O）、氧化钙（CaO）、氧化镁（MgO）、氧化钡（BaO）、氧化铅（PbO）、氧化锌（ZnO）等。

釉在高温下呈液态，在冷却过程中逐渐凝固，最后形成玻璃态的硅酸盐或硼硅酸盐。釉的物理性质与玻璃相似，如光亮、透明、不吸水等特性，但化学组成与制作方法与玻璃有本质区别。按照各成分在釉中的作用，釉的组成还可以分为以下两大类。

第一类是网络形成剂。玻璃相是釉的主相。网络形成剂是指形成玻璃的主要氧化物在釉层中以四面体的形式相互结合而形成的不规则网络。其主要成分是酸性氧化物，如氧化硅和氧化硼。

第二类是助熔剂。在釉料熔化的过程中，这类成分能促进高温分化反应，加速氧化硅等高熔点晶体化学键[1]的断裂，生成低共熔物。助熔剂还具有调整釉层物理化学性质（如力学性质、膨胀系数、黏度、化学稳定性等）的作用。它不能单独形成玻璃，一般处于玻璃网络之外，所以又称为网络外体或网络修饰剂、网络调整剂等。常用的助熔剂主要是碱性氧化物，如氧化锂、氧化钠、氧化钾、氧化铅、氧化钙、氧化镁等。另外，氟化钙也是较好的助熔剂。

釉配方是建立在其物理化学基础之上的。从理论上讲，任何好的配方，都是通过调节其碱性氧化物与酸性氧化物之间的比例进行试验的。

1 **化学键**：物质分子中各原子间存在着强弱不同的相互作用。相连的两个或多个原子之间的这种强烈相互作用的结合力称为化学键。化学键通常可分成离子键、共价键、金属键三类。有时将氢键也归入化学键。

3.1.2　釉配方制定的原则与途径

确定釉料的配方原则有两点：一是釉料与坯料的关系，二是烧成之后的效果。釉料与坯料的关系涉及釉料的熔融性质与坯料烧结[1]的性能是否相适应，釉料的膨胀系数、弹性模量[2]与坯料是否相适应，釉料的化学组成与坯料是否相适应等问题。烧成之后的效果要考虑到釉的各种肌理质地与表层效果。如透明与乳浊，有光与无光，是否结晶，对釉下和釉上彩绘显色影响等方面。

制定釉料配方的途径很多，好的釉料配方虽然有时也会产生于偶然之中，但盲目试验是不可取的，可以借助有关资料或某些成功的经验。

3.2　釉料的表示方法

釉料的表示方法有四种：化学实验式表示法、化学组成表示法、示性矿物表示法、配料量表示法。此四种表示方法在工艺实践与文献资料中都很常见。

3.2.1　化学实验式表示法

此法简称釉式，表示着各种氧化物量的比例。釉式中往往取碱性氧化物量的总和为1，例如，浙江龙泉青瓷釉的实验式为：

$$
\left.\begin{array}{ll}
0.807 & CaO \\
0.169 & K_2O \\
0.024 & Na_2O
\end{array}\right\}
\left.\begin{array}{ll}
0.549 & Al_2O_3 \\
\\
0.032 & Fe_2O_3
\end{array}\right\}
\quad 3.909 \quad SiO_2
$$

这种化学实验式，清楚地反映了釉料中各氧化物的组成成分与相互关系。

3.2.2　化学组成表示法

此法以釉料中各种氧化物组成的质量分数来表示配方组成。表

1 **烧结**：陶瓷坯体在高温下的致密化过程和现象的总称。随着升温，坯体中具有较大表面积、较高表面能的粉粒，向降低表面能的方向变化，不断进行物质迁移，晶界移动，排除气孔，产生收缩，使原来比较疏松的坯体变成具有一定强度的致密的瓷体。按此过程的特性不同，分固相烧结和有液相参加的烧结两类。一般说来，纯氧化物或化合物瓷料的烧结属前者，传统陶瓷的烧结属后者。某些电子陶瓷为降低烧结温度，扩大烧成范围，加入一些助熔剂，也有少量液相参加烧结。

2 **弹性模量**：弹性是指一个物体在外力作用下改变其形状和大小，当外力卸除后物体又可恢复到原始的形状和大小的特性。弹性模量表示各种材料抵抗变形的能力，是工程设计中一个十分重要的参数。

示时列出 SiO_2、Al_2O_3、Fe_2O_3、TiO_2、MgO、CaO、K_2O、Na_2O、B_2O_3、ZnO、PbO、BaO、灼减量等质量分数数据，较为准确地表示了釉料的组成，根据其成分，可以分析出其烧成温度与釉的熔融性能。

3.2.3　配料量表示法

此法是以原料的质量分数表示。较大的陶瓷厂应用普遍，称为实际配方。其优点是易称量，便于记忆，表示简单、直观。但它只适于某一特定地区，对其他地区参考意义不大，因为各地原料成分差异甚大，若某种原料成分不同，釉的差异就会很大。

3.2.4　示性矿物表示法

此法又称示性分析法，或矿物组成法。以纯理论的黏土、石英、长石等矿物来表示。但由于矿物种类很多，其化学性质有很大差异，这种方法只能粗略地反映釉的组成，因此，标准化的生产中很少使用。不过这种表示方法简明扼要，直观性强，一般个人做陶者常用此法。

本书即选用此法表示。

3.3　釉料的试验方法

釉料试验有特定规律。盲目地一个一个试验，靠碰运气，很难得到理想的配方。因此，需要设定试验方案和研究思路，并且要有一种易于操作的试验方法。经过反复实践，掌握了配釉的基本规律之后，就会得心应手。

我国著名的数学家华罗庚在《数学归纳法》一文中有一段描述："小孩子识数，先学会数一个、两个、三个；过些时候，能够数到十了；又过些时候，会数到二十、三十……一百了。但后来，却绝不是这样一段一段地增长，而是飞跃前进。到了某一时候，他领悟了，他会说：'我什么数都会数了。’这一飞跃，竟从有限跃到了无穷！怎样会的？首先，他知道从头数；其次，他知道一个一个按次序地数，而且不愁数了一个以后，下一个不会数，也就是他领悟了下一个数的表达方式，可以由上一个数来决定，于是，他也就会数任何一个数了。”

釉的试验，类似小孩子识数。第一，在初级阶段可以从简单的开始，一个一个地进行试验；第二，有了一定的经验之后，要有联系地进行试验，总结规律；第三，试验的积累达到一定程度时，对釉料配方要有一个飞跃性的认识，使自己能够简捷地找到配方的基本点。

怎样实现釉料试验认识上的飞跃？这与数学的难点一样，难处不在于有了公式之后如何去证明或应用，而在于没有公式之前是怎样找出这些公式来的。反过来说，有了公式与方法，实现认识上的飞跃就比较容易了。

实践经验表明，以下几种试验方法，对于认识釉原料的各种性质十分有效。

3.3.1 点性试验 —— 一种原料或单个配方的试验

点性试验是选用一种原料或列出一个配方，直接进行烧成验证。其优点是针对性强，试验目的明确，可以快速获取试验结果。

理论上讲，任何一种硅酸盐矿物都有熔点。达到熔点时即处于熔融状态，冷却之后，自然会形成具有特定物理化学性质的表层，有些表层表现出了玻璃般的特质，我们就称其为釉。如果此时只用了一种矿物原料，如长石、黄土等，若以示性矿物表示法表示，只有单一矿物。许多民间制陶、制釉原料是就地取材，常见的黄土釉即属此类。

3.3.2 线性试验 —— 两种原料或两个配方的组合试验

线性试验是以两种原料或者两个配方为基础，通过某种原料或者某个配方用量有规律地加减变化，比较烧成效果，总结规律。

两种矿物混合比例不同，结果自然丰富。可以进行两种原料用量同时变化（如图3-1所示）的试验，也可以采用一种原料用量不变，另一种原料逐量增加的试验（如图3-2所示）。

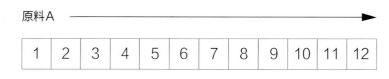

图3-1   两种原料组合，产生12个试验结果

假设：

原料A为长石，原料B为石灰石。

1 = A0–B110	2 = A10–B100
3 = A20–B90	4 = A30–B80
5 = A40–B70	6 = A50–B60
7 = A60–B50	8 = A70–B40
9 = A80–B30	10 = A90–B20
11 = A100–B10	12 = A110–B0

原料B用量不变

图3-2   两种原料组合，产生12个试验结果

假设：

原料A为长石，原料B为石灰石。

1 = A0–B100	2 = A10–B100
3 = A20–B100	4 = A30–B100
5 = A40–B100	6 = A50–B100
7 = A60–B100	8 = A70–B100
9 = A80–B100	10 = A90–B100
11 = A100–B100	12 = A110–B100

上述两种试验结果将出现长石与石灰石各种组合的效果，如长石与石灰石之比为80∶20，即形成透明釉。石灰石的比例增加，熔解温度就减低，石灰石的比例减少，耐火度就增高，相应釉的烧成效果也有很多变化。

3.3.3   面性试验

面性试验一般包括两大类型：一是三角形试验，二是四边形试验。

1. 三角形试验 —— 三种原料或三个配方的组合试验

三角形试验是通过三种原料或三个配方相互之间用量的加减变化，研究原料特点，总结烧成规律。

比较而言，釉配方一般三种以上原料混合为多。此类釉，易于施挂，烧成温度范围宽，效果稳定。

三种原料组合比两种原料组合相对复杂一些，实验效果也宽。可参照图3-3的试验方式试验。

图3-3   产生15个试验结果

假设：

原料 A 为长石，原料 B 为石灰石，原料 C 为石英。

分析试验结果时，三角形图表上将会清楚地区分出几种不同性质的区域，包括有无裂纹、有无光泽、是否透明、可否成釉等方面。

1 = A100	2 = A70–B30
3 = A70–C30	4 = A50–B50
5 = A60–B20–C20	6 = A50–C50
7 = B70–A30	8 = B60–A20–C20
9 = C60–A20–B20	10 = C70–B30
11 = B100	12 = B70–C30
13 = B50–C50	14 = C70–B30
15 = C100	

2. 四边形试验——四种原料或四个配方的组合试验

四边形试验是通过四种原料或四个配方相互之间用量有规律地变化研究原料特点，总结烧成规律。

四种原料调合，效果更为丰富，成釉率也高。

可参照图 3-4 的试验方式试验。

原料 A

1	2	3	4	5	6
7	8	9	10	11	12
13	14	15	16	17	18
19	20	21	22	23	24
25	26	27	28	29	30
31	32	33	34	35	36

原料 B

原料 D　　　　　　　　　　　　　　原料 C

图 3-4　产生 36 个试验结果

假设：

原料 A 为长石，原料 B 为石灰石，原料 C 为高岭土，原料 D 为石英。

1 = A50–D50	2 = A40–C10–D50
3 = A30–C20–D50	4 = A20–C30–D50
5 = A10–C40–D50	6 = C50–D50
7 = A50–B10–D40	8 = A40–B10–C10–D40
9 = A30–B10–C20–D40	10 = A20–B10–C30–D40
11 = A10–B10–C40–D40	12 = B10–C50–D40
13 = A50–B20–D30	14 = A40–B20–C10–D30
15 = A30–B20–C20–D30	16 = A20–B20–C30–D30
17 = A10–B20–C40–D30	18 = B20–C50–D30
19 = A50–B30–D20	20 = A40–B30–C10–D20
21 = A30–B30–C20–D20	22 = A20–B30–C30–D20
23 = A10–B30–C40–D20	24 = B30–C50–D20
25 = A50–B40–D10	26 = A40–B40–C10–D10
27 = A30–B40–C20–D10	28 = A20–B40–C30–D10
29 = A10–B40–C40–D10	30 = B40–C50–D10
31 = A50–B50	32 = A40–B50–C10
33 = A30–B50–C20	34 = A20–B50–C30
35 = A10–B50–C40	36 = B50–C50

3.4　试验原料的处理方式

处理试验原料的重要原则是计量标准必须一致。

下列三种处理方式可供参考。

第一种，测重量。按比例准确称出干粉状原料，混合之后以水调合、研磨、过筛。此法精确，但较费时。

第二种，测容量。将干粉状原料以特定容器按比例量出，混合之后以水调合、研磨、过筛。此法也较精确。

第三种，将等量原料调入等量水，并使之均匀溶解。试验时按所需分量用同一勺子舀出混合、研磨、过筛。此法较简便，但略欠精确。

为了更有效地判断试验结果，可将釉按两种厚度分别涂在试片上，厚度一般不超过2mm。釉的浓度需要特别注意，过浓或过稀都不宜，一般而言，平均浓度以手伸进釉料略停片刻抽出后，釉料如牛奶般薄而均匀地覆盖手背为宜。

3.5　试验结果应用价值的确定

试验结果将提供很多烧成效果：有些明显没有成釉迹象；有些看上去不成熟但有希望成釉，需要进一步加工；有些看来已经具有使用的可能性。

仅试片效果，还无法确定其应用价值，需要进一步试验。因试片常有偶然因素，大量调配后未必与试片效果一致。

进一步试验的内容主要包括：

第一，配釉的难易程度；

第二，施釉的难易程度；

第三，不同窑炉与燃料的烧成气氛差异；

第四，平面器与立体器的差异；

第五，小件器与大件器的差异；

第六，釉的流动性。

附图

上述问题解决之后，再次确认釉的基调是否满意，包括透明、乳浊、无光、有光等效果，以确立基础配方，并在此基础上进行各种呈色剂的添加试验，进而获得自己理想的釉配方。

釉呈色的影响因素

1	釉料	①釉的种类 ②釉的浓度 ③釉的细度 ④是否含黏糊剂 ⑤是否含防沉淀剂
2	坯体	①黏土的种类（陶器、炻器、瓷器） ②黏土的耐火度 ③黏土的色泽 ④黏土的致密度
3	施釉	①施釉的方法（浸釉、浇釉、吹釉、刷釉） ②施釉的厚度
4	装饰	①是否有化妆土及化妆土的施挂方式与厚薄 ②是否有釉下彩绘及彩绘的颜料与方式 ③是否有坯体装饰的各种处理
5	成形	捏制、泥板、盘筑、印坯、注浆、辘轳
6	素烧	①素烧的温度 ②素烧后坯体的致密度 ③素烧坯体的厚度
7	本烧	①窑炉构造 ②装窑位置 ③燃料种类 ④最高温度 ⑤保温时间 ⑥升温方法 ⑦烧成气氛 ⑧冷却方法

釉的分类

附图 2

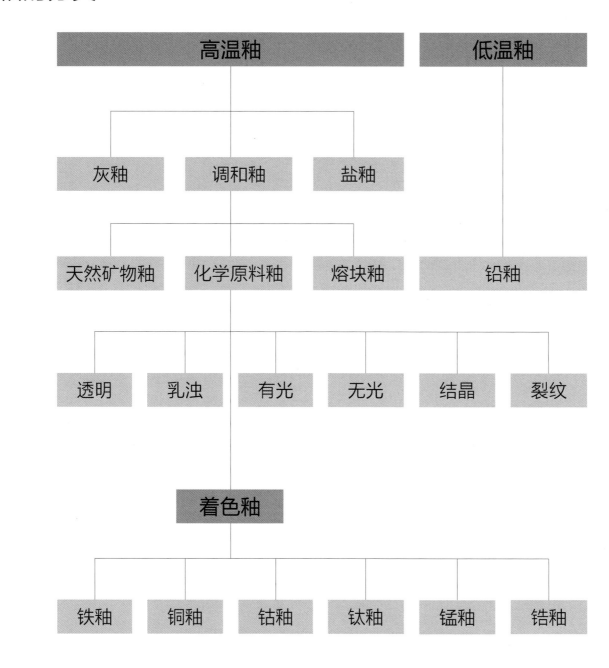

基础釉

颜色釉

釉质形成的因素

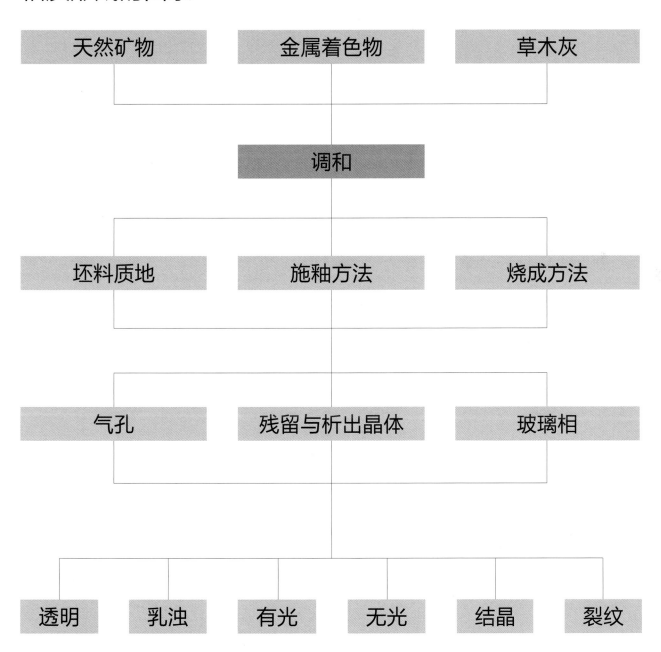

附图
3

附图
4

2002年5月20日还原烧成装窑状况

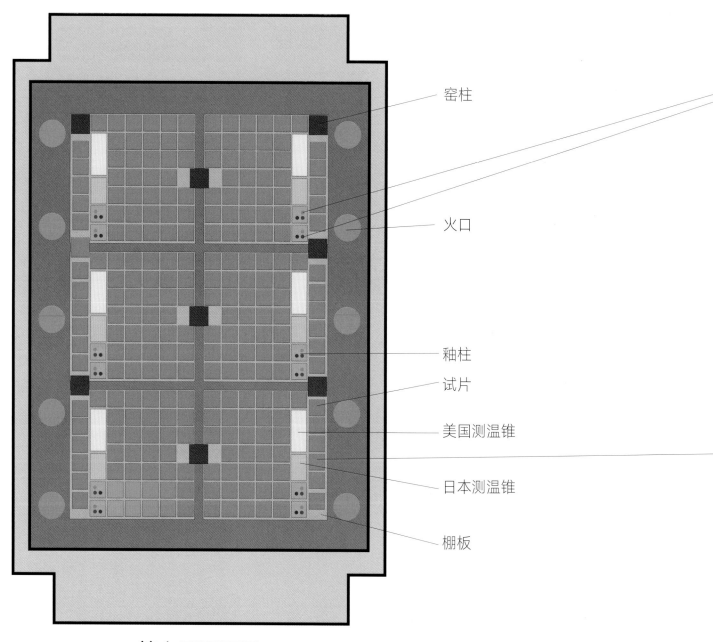

窑柱

火口

釉柱

试片

美国测温锥

日本测温锥

棚板

第六层平面图

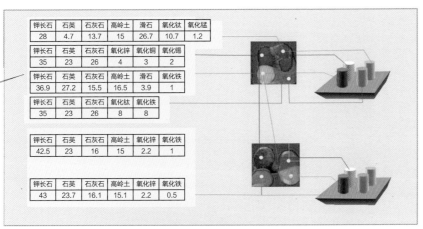

钾长石	石英	石灰石	高岭土	滑石	氧化钛	氧化锰
28	4.7	13.7	15	26.7	10.7	1.2

钾长石	石英	石灰石	氧化锌	氧化铜	氧化锡
35	23	26	4	3	2

钾长石	石英	石灰石	高岭土	滑石	氧化铁
36.9	27.2	15.5	16.5	3.9	1

钾长石	石英	石灰石	氧化钛	氧化铁
35	23	26	8	8

钾长石	石英	石灰石	高岭土	氧化锌	氧化铁
42.5	23	16	15	2.2	1

钾长石	石英	石灰石	高岭土	氧化锌	氧化铁
43	23.7	16.1	15.1	2.2	0.5

日本测温锥	
7 号	1230 度
8 号	1250 度
9 号	1280 度

美国测温锥	
8 号	1250 度
9 号	1280 度
10 号	1305 度
11 号	1315 度

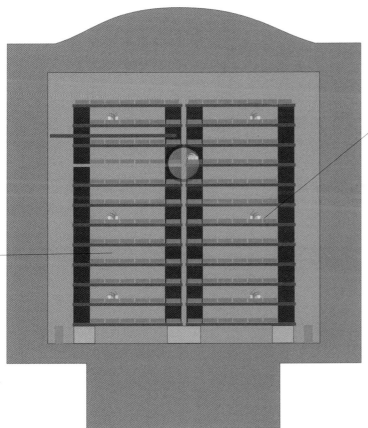

全窑正面图

　　一般试釉，多是以小型电窑烧制，或在煤气窑烧制其他作品时，插空带烧。若用煤气窑专烧试片，装窑应特别注意：一要保证火道畅通，二要力求火温均匀。

　　此处所列，乃 2002 年 5 月 20 日烧制试片的装窑情况与烧窑记录。共装 11 层，每层 6 块棚板，每块棚板放置试片 40 余块，全窑共计试片近 3000 块。每块棚板均放置有测温锥和釉柱，结果证明每层每块棚板的烧成温度基本一致。

附图
5

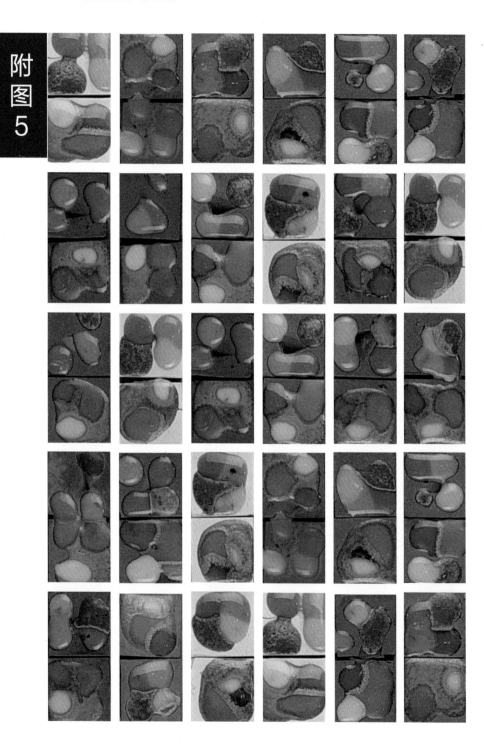

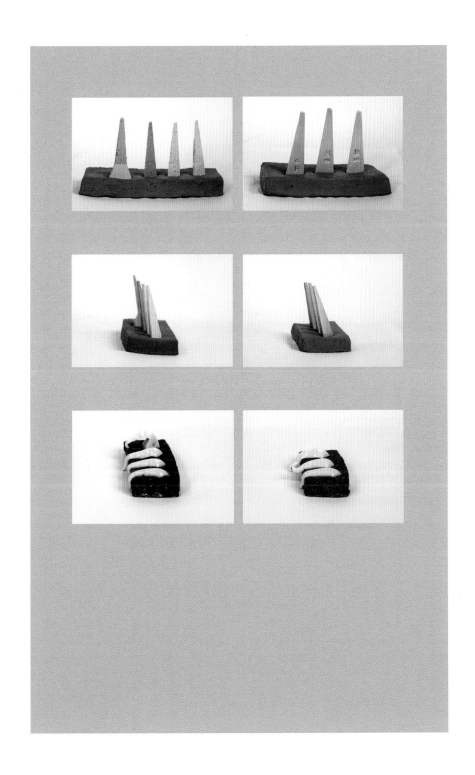

附图 5 为 2002 年 5 月 20 日釉柱烧成的熔融情况。
附图 6 为同日烧成的测温锥的熔融情况：四支的
为美国测温锥，从左向右标号分别为 8、9、10、
11；三支的为日本测温锥，从左向右标号分别为 7、
8、9。

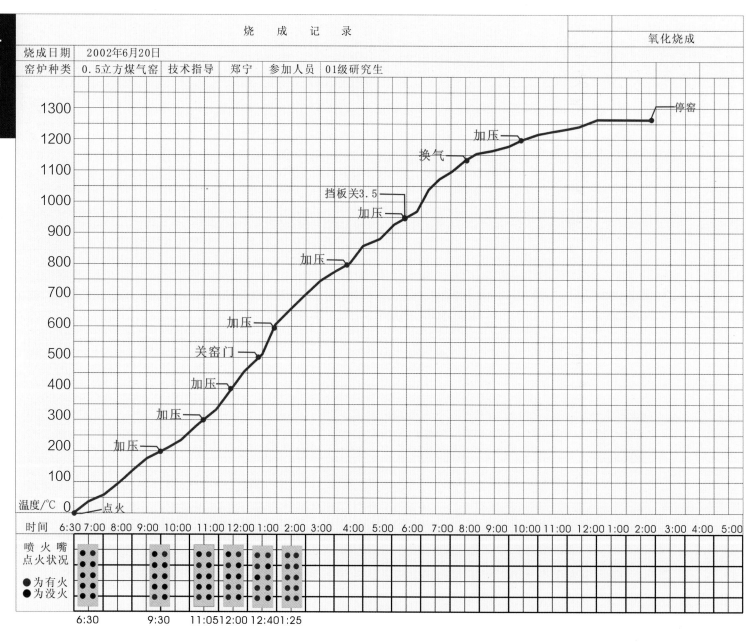

烧 成 记 录

氧化烧成

烧成日期	2002年6月20日				
窑炉种类	0.5立方煤气窑	技术指导	郑宁	参加人员	01级研究生

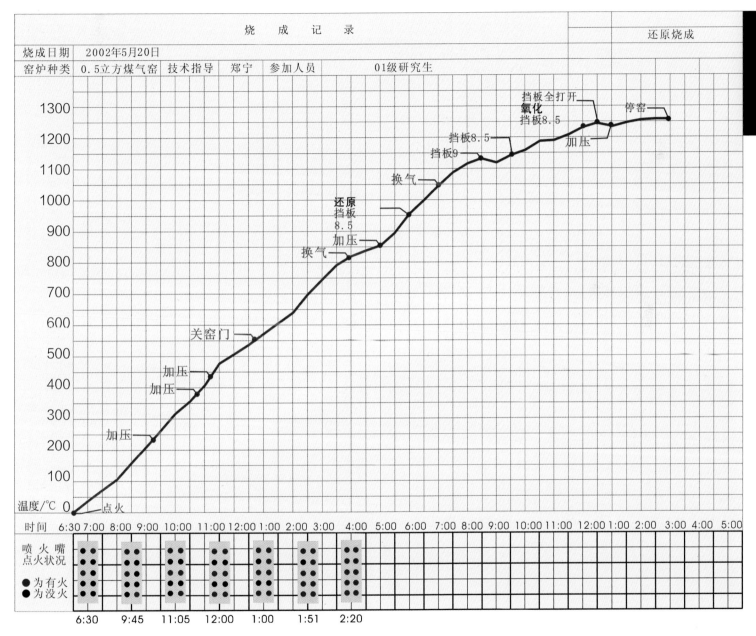

烧 成 记 录 还原烧成

附图 8

烧成日期	2002年5月20日				
窑炉种类	0.5立方煤气窑	技术指导	郑宁	参加人员	01级研究生

试验篇

配方试验 9000

第4章　点性试验

　　点性试验是以一种原料或者一种配方为基础，对设想目标直接进行的烧成验证。其优点是针对性强，试验目的明确，可以快速获取试验结果。

4.1　天然矿物试验

　　制釉常用的天然矿物主要是石英、长石、高岭土、石灰石。

　　石英、长石、高岭土属基础原料，石灰石属媒熔原料。

　　各地情况不同，若善于因地制宜、就地取材，则可以获取很多独具特色的原料。

　　此试验所用矿物除常见的石英、长石、高岭土之外，还有北京郊区的黄土以及建材市场上的部分石料。

4.1.1　大理石

大理石有 400 多个品种，具有一定的机械强度，加工后显现美丽的花纹和光泽，因而常被当作建筑装饰用材。这里使用的大理石，均是建材市场上的边角废料，将其砸碎研磨后掺水涂于试片上烧制。

大理石

烧成气氛：
氧化 1260℃

坯料：
宜兴缸料
100%

序号	汉白玉	蒙古黑	黑白点	沙岩	黑大理石
1	100				
2		100			
3			100		
4				100	
5					100

烧成气氛：
还原 1260℃

坯料：
宜兴缸料
100%

序号	汉白玉	蒙古黑	黑白点	沙岩	黑大理石
1	100				
2		100			
3			100		
4				100	
5					100

大理石

烧成气氛：
氧化 1260℃

坯料：
瓷泥 100%

序号	汉白玉	蒙古黑	黑白点	沙岩	黑大理石
1	100				
2		100			
3			100		
4				100	
5					100

烧成气氛：
还原 1260℃

坯料：
瓷泥 100%

序号	汉白玉	蒙古黑	黑白点	沙岩	黑大理石
1	100				
2		100			
3			100		
4				100	
5					100

4.1.2　多种矿物

　　此处所列是平日于北京周围或出差时采集的部分
矿物原料。将其试烧，测其熔点。

多种矿物

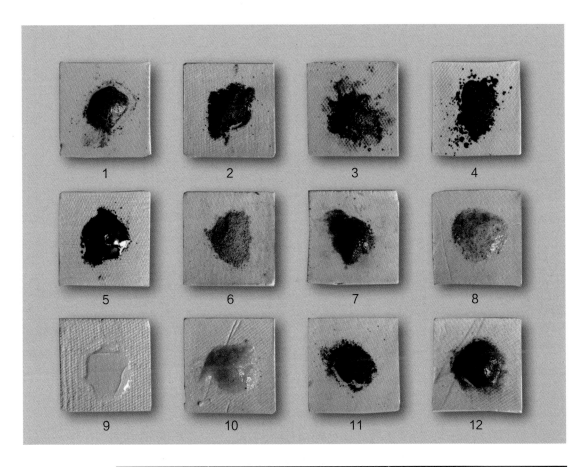

序号	原料名称	烧成温度 /℃
1	黑白点大理石	1250
2	北京怀柔黄土	1250
3	北京丰台黄土	1250
4	北京顺义黄土	1250
5	北京城区黄土	1250
6	邯郸煤矸石	1250
7	北京大兴黄土	1250
8	樱花红大理石	1250
9	唐山铅熔块	1250
10	唐山长石	1250
11	北京通州黄土	1250
12	北京通州鹅卵石	1250

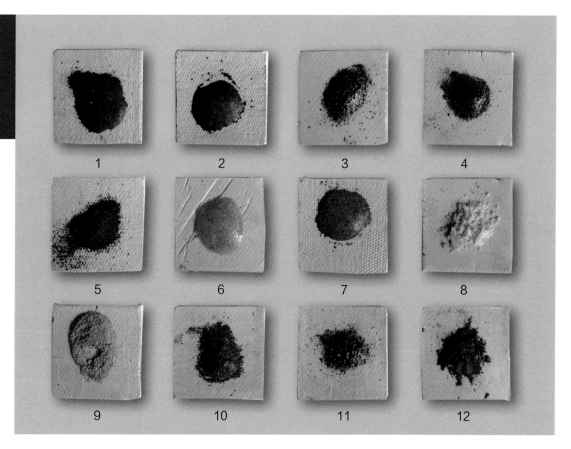

序号	原料名称	烧成温度 /℃
1	意大利大理石	1250
2	北京怀柔鹅卵石	1250
3	北京怀柔酥晶石	1250
4	北京大兴黄土	1250
5	北京怀柔黄沙土	1250
6	千层石（蘑菇石）	1250
7	花岗岩	1250
8	山东长石	1250
9	北京门头沟黄土	1250
10	北京昌平黑崖石	1250
11	北京昌平风化石	1250
12	砂岩大理石	1250

4.2　温度变化试验

　　温度变化测试目的在于寻找某矿物或某配方的熔点，以鉴定其成釉的可行性。重点是观察不同温度下原料的熔融状态，不牵扯烧成气氛，故而，电窑氧化烧成最为方便。

烧成温度 /℃				
1	2	3	4	5
1230	1240	1250	1260	1270

釉料：
北京怀柔黄土

烧成温度 /℃				
1	2	3	4	5
1230	1240	1250	1260	1270

釉料：
北京大兴黄土

烧成温度 /℃				
1	2	3	4	5
1230	1240	1250	1260	1270

釉料：
北京怀柔酥晶石

温度变化试验

烧成温度 /℃				
1	2	3	4	5
1230	1240	1250	1260	1270

釉料：
北京城区黄土

烧成温度 /℃				
1	2	3	4	5
1230	1240	1250	1260	1270

釉料：
北京昌平黄土

烧成温度 /℃				
1	2	3	4	5
1230	1240	1250	1260	1270

釉料：
北京怀柔黑崖土

温度变化试验

烧成温度 /℃				
1	2	3	4	5
1230	1240	1250	1260	1270

釉料：
北京通州黄土

烧成温度 /℃				
1	2	3	4	5
1230	1240	1250	1260	1270

釉料：
北京昌平风化石

烧成温度 /℃				
1	2	3	4	5
1230	1240	1250	1260	1270

釉料：
北京丰台黄土

烧成温度 /℃				
1	2	3	4	5
1230	1240	1250	1260	1270

釉料：
意大利大理石

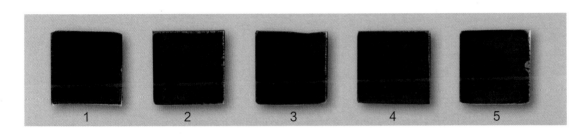

烧成温度 /℃				
1	2	3	4	5
1230	1240	1250	1260	1270

釉料：
蒙古黑大理石

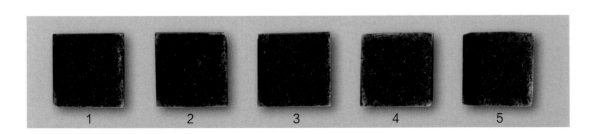

烧成温度 /℃				
1	2	3	4	5
1230	1240	1250	1260	1270

釉料：
黑白点大理石

温度变化试验

烧成温度 /℃				
1	2	3	4	5
1230	1240	1250	1260	1270

釉料：
千层石（蘑菇石）

烧成温度 /℃				
1	2	3	4	5
1230	1240	1250	1260	1270

釉料：
花岗岩

烧成温度 /℃				
1	2	3	4	5
1230	1240	1250	1260	1270

釉料：
樱花红大理石

4.3　釉层厚度试验

同样的釉，釉层厚度不同，烧成效果相差甚远。为使釉层达到必要的试验厚度，采用了多次素烧、多次上釉的方法，每次上釉1毫米。

釉层厚度试验

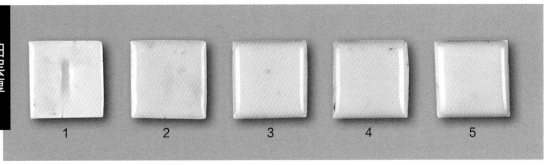

序号	钾长石	石英	高岭土	石灰石	滑石	釉厚（mm）	素烧（次）
1	36.9	27.2	16.5	15.5	3.9	1	
2	36.9	27.2	16.5	15.5	3.9	2	1
3	36.9	27.2	16.5	15.5	3.9	3	2
4	36.9	27.2	16.5	15.5	3.9	4	3
5	36.9	27.2	16.5	15.5	3.9	5	4

烧成气氛：
还原 1260℃

坯料：
瓷泥 100%

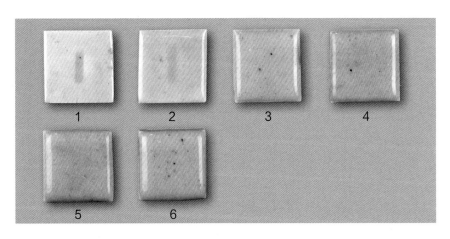

序号	钾长石	石英	高岭土	石灰石	滑石	稻草灰	釉厚（mm）	素烧（次）
1	36.9	27.2	16.5	15.5	3.9	1	1	
2	36.9	27.2	16.5	15.5	3.9	1	2	1
3	36.9	27.2	16.5	15.5	3.9	1	3	2
4	36.9	27.2	16.5	15.5	3.9	1	4	3
5	36.9	27.2	16.5	15.5	3.9	1	5	4
6	36.9	27.2	16.5	15.5	3.9	1	6	5

烧成气氛：
还原 1260℃

坯料：
瓷泥 100%

釉层厚度试验

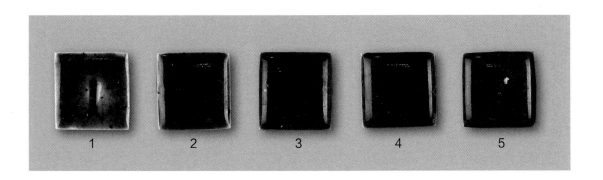

序号	钾长石	石英	高岭土	石灰石	滑石	铁	稻草灰	釉厚（mm）	素烧（次）
1	36.9	27.2	16.5	15.5	3.9	0.25	1	1	
2	36.9	27.2	16.5	15.5	3.9	0.25	1	2	1
3	36.9	27.2	16.5	15.5	3.9	0.25	1	3	2
4	36.9	27.2	16.5	15.5	3.9	0.25	1	4	3
5	36.9	27.2	16.5	15.5	3.9	0.25	1	5	4

烧成气氛：
还原 1260℃

坯料：
瓷泥 100%

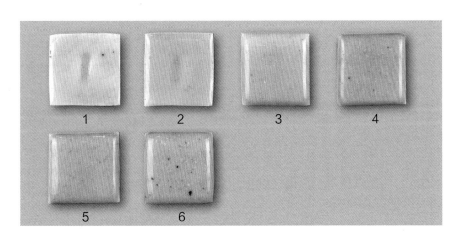

序号	钾长石	石英	高岭土	石灰石	滑石	稻草灰	釉厚（mm）	素烧（次）
1	36.9	27.2	16.5	15.5	3.9	2	1	
2	36.9	27.2	16.5	15.5	3.9	2	2	1
3	36.9	27.2	16.5	15.5	3.9	2	3	2
4	36.9	27.2	16.5	15.5	3.9	2	4	3
5	36.9	27.2	16.5	15.5	3.9	2	5	4
6	36.9	27.2	16.5	15.5	3.9	2	6	5

烧成气氛：
还原 1260℃

坯料：
瓷泥 100%

序号	钾长石	石英	高岭土	石灰石	滑石	氧化铁	釉厚（mm）	素烧（次）
1	36.9	27.2	16.5	15.5	3.9	0.5	1	
2	36.9	27.2	16.5	15.5	3.9	0.5	2	1
3	36.9	27.2	16.5	15.5	3.9	0.5	3	2
4	36.9	27.2	16.5	15.5	3.9	0.5	4	3
5	36.9	27.2	16.5	15.5	3.9	0.5	5	4

烧成气氛：
还原 1260℃

坯料：
瓷泥 100%

序号	钾长石	石英	高岭土	石灰石	氧化锌	氧化铁	釉厚（mm）	素烧（次）
1	42.5	23	15	16	2.2	1.25	1	
2	42.5	23	15	16	2.2	1.25	2	1
3	42.5	23	15	16	2.2	1.25	3	2
4	42.5	23	15	16	2.2	1.25	4	3
5	42.5	23	15	16	2.2	1.25	5	4
6	42.5	23	15	16	2.2	1.25	6	5

烧成气氛：
还原 1260℃

坯料：
瓷泥 100%

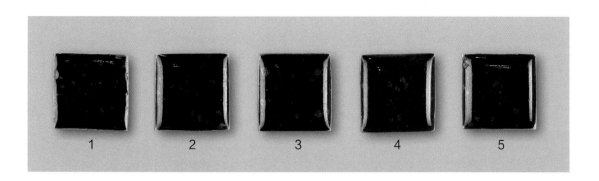

序号	钾长石	石英	高岭土	石灰石	氧化锌	氧化铁	铁	釉厚（mm）	素烧（次）
1	42.5	23	15	16	2.2	1	0.5	1	
2	42.5	23	15	16	2.2	1	0.5	2	1
3	42.5	23	15	16	2.2	1	0.5	3	2
4	42.5	23	15	16	2.2	1	0.5	4	3
5	42.5	23	15	16	2.2	1	0.5	5	4

烧成气氛：
还原 1260℃

坯料：
瓷泥 100%

序号	钾长石	石英	高岭土	石灰石	滑石	氧化铁	釉厚（mm）	素烧（次）
1	36.9	27.2	16.5	15.5	3.9	0.25	1	
2	36.9	27.2	16.5	15.5	3.9	0.25	2	1
3	36.9	27.2	16.5	15.5	3.9	0.25	3	2
4	36.9	27.2	16.5	15.5	3.9	0.25	4	3
5	36.9	27.2	16.5	15.5	3.9	0.25	5	4
6	36.9	27.2	16.5	15.5	3.9	0.25	6	5

烧成气氛：
还原 1260℃

坯料：
瓷泥 100%

第5章 线性试验

线性试验是以两种原料或者两个配方为基础，通过某种原料或某个配方相互之间用量的加减，比较烧成结果，研究基本特点，总结烧成规律。

5.1 天然矿物试验

天然矿物种类繁多，各地情况不同，若善于因地制宜、就地取材，可以获取很多独具特色的原料。

5.1.1　大理石

大理石是常见的建筑用材，种类较多，名称不同，成分略别。各类建筑工地常见其粉末或废料，若用心，不难寻得。

大理石与其他矿物调配组合时，其用量的加减对釉的烧成效果影响很大。

大理石

烧成气氛：
氧化 1260℃

坯料：
瓷泥 100%

烧成气氛：
氧化 1260℃

坯料：
二青土 80%
黄土 20%

	原始基础釉	添加料
	果木灰	大理石
1	80	20
2	70	30
3	60	40
4	50	50
5	40	60
6	30	70
7	20	80

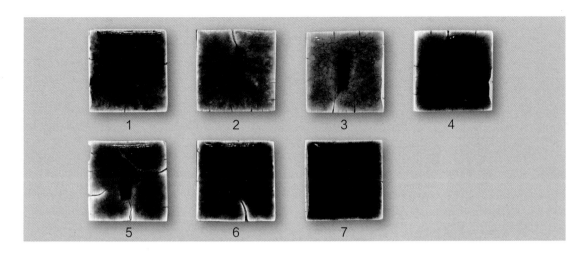

烧成气氛：
还原 1300℃

坯料：
瓷泥 100%

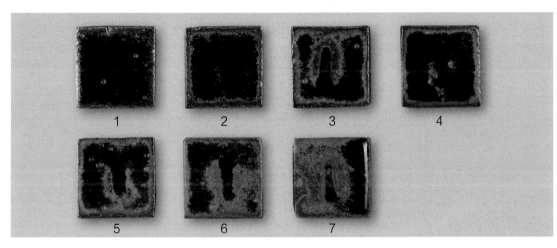

烧成气氛：
还原 1300℃

坯料：
二青土 80%
黄土 20%

	原始基础釉	添加料
	果木灰	大理石
1	80	20
2	70	30
3	60	40
4	50	50
5	40	60
6	30	70
7	20	80

大理石

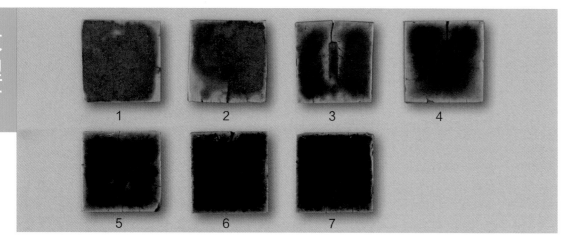

烧成气氛：
氧化 1260℃

坯料：
瓷泥 100%

烧成气氛：
氧化 1260℃

坯料：
二青土 80%
黄土 20%

	原始基础釉		添加料
	黄土	果木灰	大理石
1	10	80	10
2	10	70	20
3	10	60	30
4	10	50	40
5	10	40	50
6	10	30	60
7	10	20	70

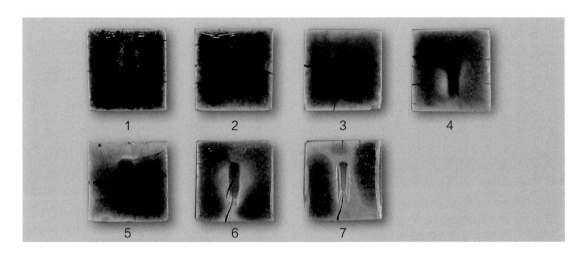

大理石

烧成气氛：
还原 1300℃

坯料：
瓷泥 100%

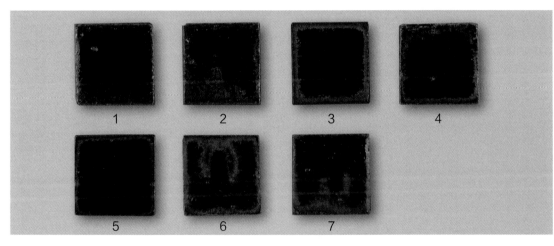

烧成气氛：
还原 1300℃

坯料：
二青土 80%
黄土 20%

	原始基础釉		添加料
	黄土	果木灰	大理石
1	10	80	10
2	10	70	20
3	10	60	30
4	10	50	40
5	10	40	50
6	10	30	60
7	10	20	70

5.1.2　石英

　　石英在釉中的主要作用有：提高熔点，降低熔融时的流动性，增强抗化学侵蚀力，降低膨胀系数，增加机械强度与硬度。

烧成气氛:
还原 1260℃

坯料:
二青土 80%
黄土 20%

	原始基础釉					添加料
	钾长石	石英	石灰石	氧化钴	氧化铁	石英
1	35	23	26	0.5	0.5	1
2	35	23	26	0.5	0.5	2
3	35	23	26	0.5	0.5	3
4	35	23	26	0.5	0.5	4
5	35	23	26	0.5	0.5	5
6	35	23	26	0.5	0.5	6
7	35	23	26	0.5	0.5	7
8	35	23	26	0.5	0.5	8
9	35	23	26	0.5	0.5	9
10	35	23	26	0.5	0.5	10
11	35	23	26	0.5	0.5	11
12	35	23	26	0.5	0.5	12

石英

烧成气氛：
氧化 1260℃

坯料：
瓷泥 100%

	原始基础釉					添加料	
	钾长石	石英	石灰石	氧化钛	氧化铁	石英	果木灰
1	35	23	26	8	8	1	
2	35	23	26	8	8	2	
3	35	23	26	8	8	3	
4	35	23	26	8	8	4	
5	35	23	26	8	8	5	
6	35	23	26	8	8	6	
7	35	23	26	8	8	7	
8	35	23	26	8	8	8	
9	35	23	26	8	8	9	
10	35	23	26	8	8	10	
11	35	23	26	8	8	4	20
12	35	23	26	8	8	7	10

石英

烧成气氛：
还原 1260℃

坯料：
瓷泥 100%

	原始基础釉					添加料	
	钾长石	石英	石灰石	氧化钛	氧化铁	石英	果木灰
1	35	23	26	8	8	2	
2	35	23	26	8	8	3	
3	35	23	26	8	8	4	
4	35	23	26	8	8	5	
5	35	23	26	8	8	6	
6	35	23	26	8	8	7	
7	35	23	26	8	8	8	
8	35	23	26	8	8	9	
9	35	23	26	8	8	6	15
10	35	23	26	8	8	7	15
11	35	23	26	8	8	8	15
12	35	23	26	8	8	9	15

石英

烧成气氛:
氧化 1260℃

坯料:
二青土 80%
黄土 20%

	原始基础釉					添加料
	钾长石	石英	石灰石	氧化钛	氧化铁	石英
1	35	23	26	8	8	1
2	35	23	26	8	8	2
3	35	23	26	8	8	3
4	35	23	26	8	8	4
5	35	23	26	8	8	5
6	35	23	26	8	8	6
7	35	23	26	8	8	7
8	35	23	26	8	8	8
9	35	23	26	8	8	9
10	35	23	26	8	8	10
11	35	23	26		8	
12	35	23	26			18

石英

烧成气氛：
还原 1260℃

坯料：
二青土 80%
黄土 20%

	原始基础釉					添加料
	钾长石	石英	石灰石	氧化钛	氧化铁	石英
1	35	23	26	8	8	1
2	35	23	26	8	8	2
3	35	23	26	8	8	3
4	35	23	26	8	8	4
5	35	23	26	8	8	5
6	35	23	26	8	8	6
7	35	23	26	8	8	7
8	35	23	26	8	8	8
9	35	23	26	8	8	9
10	35	23	26	8	8	10

5.1.3　长石

长石是很好的制釉原料，熔解范围广，价廉，易处理。

长石有三种主要类型：正长石、钠长石、钙长石。

正长石也称钾长石，烧成范围最广，烧成后釉质的强度和耐久性都很好。

钠长石熔解温度较低，适合配制效果柔和的釉，易于使各种金属氧化物呈色，但易显裂纹。

钙长石也称灰长石，储量比较少，熔解温度高，一般很少使用。

此处所用的长石均为钾长石。

长石

烧成气氛：
还原 1260℃

坯料：
二青土 80%
黄土 20%

	原始基础釉					添加料
	钾长石	石英	高岭土	石灰石	白云石	钾长石
1	35	18	24	3	20	5
2	35	18	24	3	20	6
3	35	18	24	3	20	7
4	35	18	24	3	20	8
5	35	18	24	3	20	9
6	35	18	24	3	20	10
7	35	18	24	3	20	11
8	35	18	24	3	20	12
9	35	18	24	3	20	13
10	35	18	24	3	20	14
11	35	18	24	3	20	15

长石

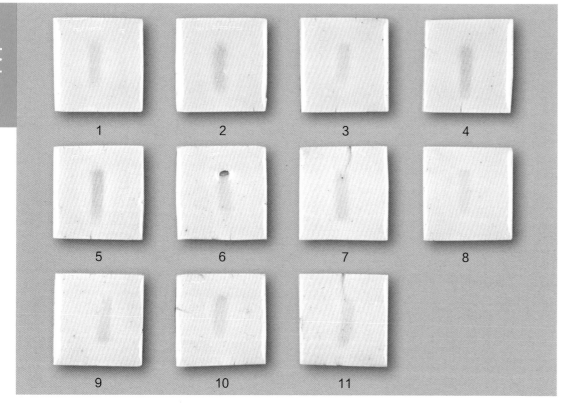

1　　　　2　　　　3　　　　4

5　　　　6　　　　7　　　　8

9　　　　10　　　　11

烧成气氛：
氧化 1260℃

坯料：
瓷泥 100%

	原始基础釉					添加料
	钾长石	石英	高岭土	石灰石	白云石	钾长石
1	35	18	24	3	20	5
2	35	18	24	3	20	6
3	35	18	24	3	20	7
4	35	18	24	3	20	8
5	35	18	24	3	20	9
6	35	18	24	3	20	10
7	35	18	24	3	20	11
8	35	18	24	3	20	12
9	35	18	24	3	20	13
10	35	18	24	3	20	14
11	35	18	24	3	20	15

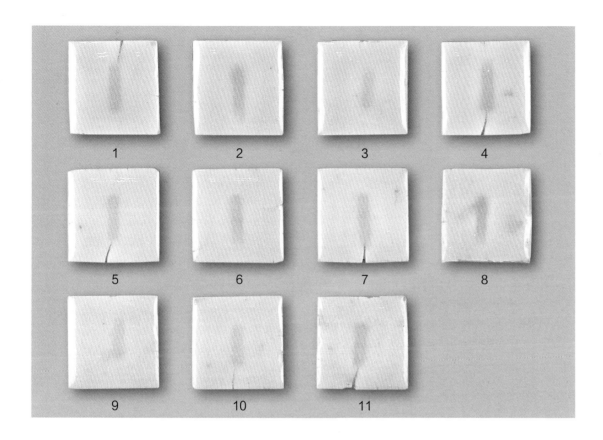

长石

烧成气氛：
还原 1260℃

坯料：
瓷泥 100%

	原始基础釉					添加料
	钾长石	石英	高岭土	石灰石	白云石	钾长石
1	35	18	24	3	20	5
2	35	18	24	3	20	6
3	35	18	24	3	20	7
4	35	18	24	3	20	8
5	35	18	24	3	20	9
6	35	18	24	3	20	10
7	35	18	24	3	20	11
8	35	18	24	3	20	12
9	35	18	24	3	20	13
10	35	18	24	3	20	14
11	35	18	24	3	20	15

5.1.4　高岭土

用高岭土配釉，主要目的是利用其中的氧化铝和氧化硅。

一般最大用量为20%。如需更多，宜煅烧后使用。

纯高岭土可塑性差，添加可塑性较强的其他黏土5% ~ 10%，可使釉浆呈悬浮乳浊状，提高釉的附着性，易于施釉。

高岭土是理论上的纯黏土，不含杂质。但实际使用的高岭土常含铁等不纯物质，其不纯物质会导致釉呈现多种色泽，最常见的是奶油色。

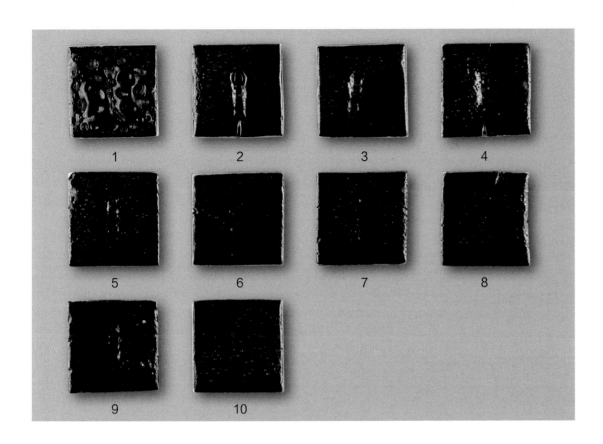

高岭土

烧成气氛：
氧化 1260℃

坯料：
瓷泥 100%

	原始基础釉						添加料
	钾长石	石英	高岭土	石灰石	氧化铁	氧化锰	高岭土
1	53	26	0.9	5	7	3	1
2	53	26	0.9	5	7	3	2
3	53	26	0.9	5	7	3	3
4	53	26	0.9	5	7	3	4
5	53	26	0.9	5	7	3	5
6	53	26	0.9	5	7	3	6
7	53	26	0.9	5	7	3	7
8	53	26	0.9	5	7	3	8
9	53	26	0.9	5	7	3	9
10	53	26	0.9	5	7	3	10

高岭土

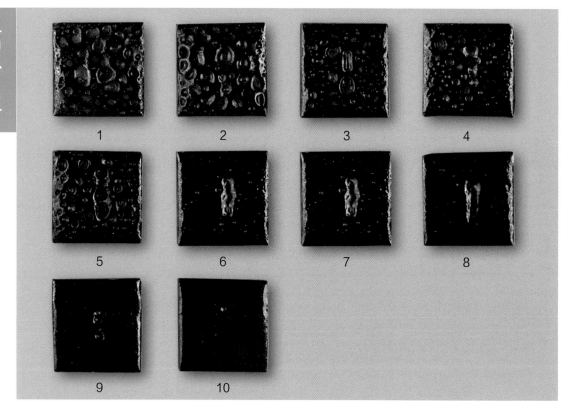

烧成气氛：
氧化 1260℃

坯料：
二青土 80%
黄土 20%

	原始基础釉						添加料	
	钾长石	石英	高岭土	石灰石	氧化铁	氧化锰	高岭土	果木灰
1	53	26	0.9	5	7	3	1	
2	53	26	0.9	5	7	3	2	
3	53	26	0.9	5	7	3	3	
4	53	26	0.9	5	7	3	4	
5	53	26	0.9	5	7	3	5	
6	53	26	0.9	5	7	3	6	
7	53	26	0.9	5	7	3	7	
8	53	26	0.9	5	7	3	8	
9	53	26	0.9	5	7	3	9	5
10	53	26	0.9	5	7	3	10	15

烧成气氛：
还原 1260℃

坯料：
二青土 80%
黄土 20%

	原始基础釉						添加料
	钾长石	石英	高岭土	石灰石	氧化铁	氧化锰	高岭土
1	53	26	0.9	5	7	3	1
2	53	26	0.9	5	7	3	2
3	53	26	0.9	5	7	3	3
4	53	26	0.9	5	7	3	4
5	53	26	0.9	5	7	3	5
6	53	26	0.9	5	7	3	6
7	53	26	0.9	5	7	3	7
8	53	26	0.9	5	7	3	8
9	53	26	0.9	5	7	3	9
10	53	26	0.9	5	7	3	10

5.2　呈色金属试验

很多金属都具有呈色性能，但陶艺常用的呈色金属，多是普通的、廉价的、便于获取的。

此处选用铜、铁、锰、钴、钛进行试验。

5.2.1　铜

铜（Cu），氧化呈绿，还原呈红。

铜呈色能力很强，含量1% ~ 2% 即显色。用量超过3% 时，会降低熔点，且时有金属斑痕出现。

常见的铜有三种：一是氧化铜（CuO），黑色，颗粒最粗，纯度最高，反应能力最强；二是氧化亚铜（Cu_2O），红色，属还原状态，耐高温性强；三是碳酸铜，多为淡紫或淡绿色，颗粒最细，反应稳定。

铜

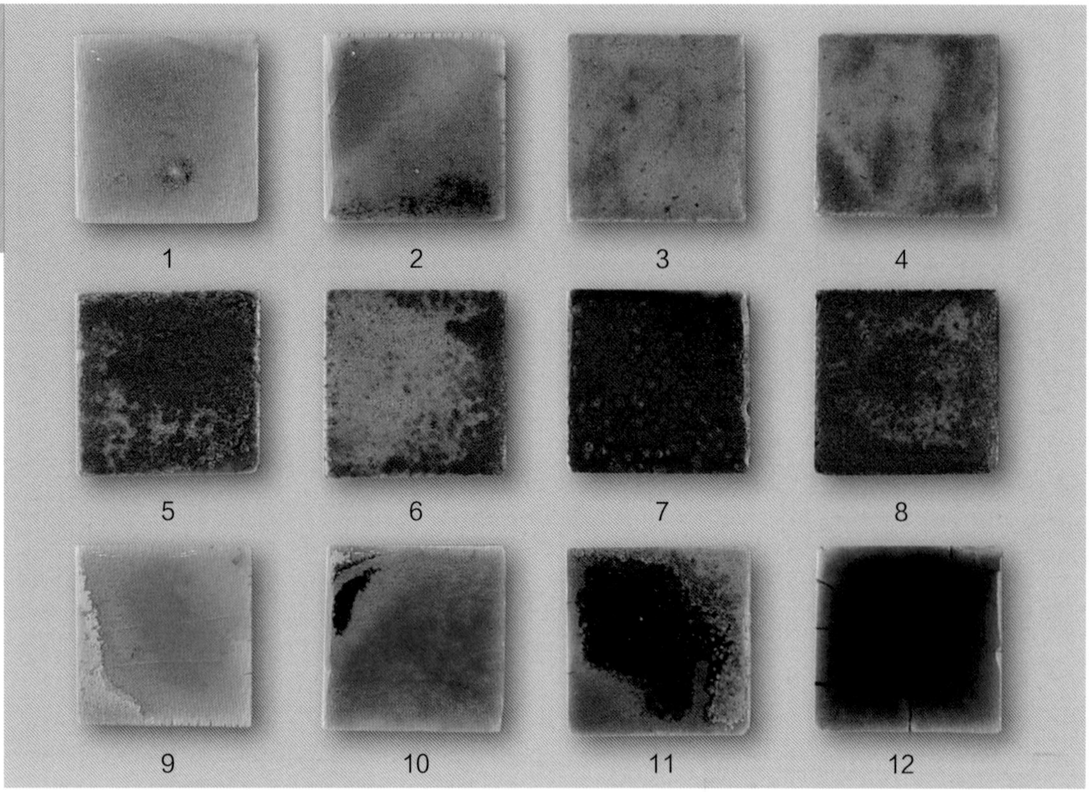

烧成气氛：
氧化 1260℃

坯料：
瓷泥 100%

	原始基础釉				添加料	
	钾长石	高岭土	石英	石灰石	硫酸铜	长石
1	40	5	23	31	1	
2	40	5	23	31	2	
3	40	5	23	31	3	
4	40	5	23	31	4	
5	40	5	23	31	5	
6	40	5	23	31	6	
7	40	5	23	31	7	
8	40	5	23	31	8	
9	40	5	23	31	1	5
10	40	5	23	31	2	5
11	40	5	23	31	3	5
12	40	5	23	31	4	5

铜

烧成气氛：
还原 1300℃

坯料：
瓷泥 100%

	原始基础釉				添加料	
	钾长石	高岭土	石英	石灰石	氧化铜	石英
1	40	5	23	31	1	
2	40	5	23	31	2	
3	40	5	23	31	3	
4	40	5	23	31	4	
5	40	5	23	31	5	
6	40	5	23	31	6	
7	40	5	23	31	7	
8	40	5	23	31	8	
9	40	5	23	31	5	5
10	40	5	23	31	6	5
11	40	5	23	31	7	5
12	40	5	23	31	8	5

铜

1   2   3   4

5   6   7   8

9   10

烧成气氛：
氧化 1260℃

坯料：
二青土 80%
黄土 20%

	原始基础釉					添加料
	钾长石	石英	石灰石	氧化锌	氧化锡	氧化铜
1	39	19	19	4	2	3.05
2	39	19	19	4	2	3.10
3	39	19	19	4	2	3.15
4	39	19	19	4	2	3.20
5	39	19	19	4	2	3.25
6	39	19	19	4	2	3.30
7	39	19	19	4	2	3.35
8	39	19	19	4	2	3.40
9	39	19	19	4	2	3.45
10	39	19	19	4	2	3.50

铜

烧成气氛：
还原 1260℃

坯料：
二青土 80%
黄土 20%

	原始基础釉					添加料
	钾长石	石英	石灰石	氧化锌	氧化锡	氧化铜
1	39	19	19	4	2	3.05
2	39	19	19	4	2	3.10
3	39	19	19	4	2	3.15
4	39	19	19	4	2	3.20
5	39	19	19	4	2	3.25
6	39	19	19	4	2	3.30
7	39	19	19	4	2	3.35
8	39	19	19	4	2	3.40
9	39	19	19	4	2	3.45
10	39	19	19	4	2	3.50

铜

烧成气氛：
还原 1280℃

坯料：
二青土 80%
黄土 20%

	原始基础釉				添加料	
	钾长石	高岭土	石英	石灰石	氧化铜	长石
1	40	5	23	31	1	
2	40	5	23	31	2	
3	40	5	23	31	3	
4	40	5	23	31	4	
5	40	5	23	31	5	
6	40	5	23	31	6	
7	40	5	23	31	7	
8	40	5	23	31	8	
9	40	5	23	31	1	5
10	40	5	23	31	2	5
11	40	5	23	31	3	5
12	40	5	23	31	4	5

铜

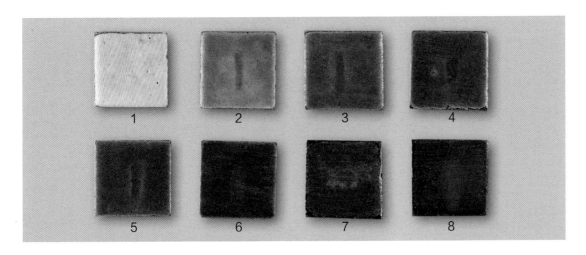

烧成气氛：
氧化 1260℃

坯料：
二青土 80%
黄土 20%

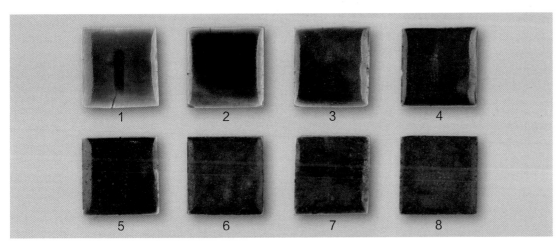

烧成气氛：
还原 1260℃

坯料：
二青土 80%
黄土 20%

| | 原始基础釉 | | | | 添加料 |
	钾长石	高岭土	石英	石灰石	氧化铜
1	40	5	23	31	1
2	40	5	23	31	2
3	40	5	23	31	3
4	40	5	23	31	4
5	40	5	23	31	5
6	40	5	23	31	6
7	40	5	23	31	7
8	40	5	23	31	8

铜

烧成气氛：
氧化 1260℃

坯料：
瓷泥 100%

	原始基础釉						添加料
	钾长石	高岭土	石英	石灰石	滑石	氧化锌	氧化铜
1	50	7	7	13	4	18	1
2	50	7	7	13	4	18	2
3	50	7	7	13	4	18	3
4	50	7	7	13	4	18	4
5	50	7	7	13	4	18	5
6	50	7	7	13	4	18	6
7	50	7	7	13	4	18	7
8	50	7	7	13	4	18	8
9	50	7	7	13	4		1
10	50	7	7	13	4		2
11	50	7	7	13	4		3
12	50	7	7	13	4		4

铜

烧成气氛：
还原 1260℃

坯料：
瓷泥 100%

	原始基础釉						添加料
	钾长石	高岭土	石英	石灰石	滑石	氧化锌	氧化铜
1	50	7	7	13	4	18	1
2	50	7	7	13	4	18	2
3	50	7	7	13	4	18	3
4	50	7	7	13	4	18	4
5	50	7	7	13	4	18	5
6	50	7	7	13	4	18	6
7	50	7	7	13	4	18	7
8	50	7	7	13	4	18	8
9	50	7	7	13	4		1
10	50	7	7	13	4		2
11	50	7	7	13	4		3
12	50	7	7	13	4		4

铜

烧成气氛：
氧化 1260℃

坯料：
二青土 80%
黄土 20%

	原始基础釉						添加料
	钾长石	高岭土	石英	石灰石	滑石	氧化锌	氧化铜
1	50	7	7	13	4	18	1
2	50	7	7	13	4	18	2
3	50	7	7	13	4	18	3
4	50	7	7	13	4	18	4
5	50	7	7	13	4	18	5
6	50	7	7	13	4	18	6
7	50	7	7	13	4	18	7
8	50	7	7	13	4	18	8
9	50	7	7	13	4		1
10	50	7	7	13	4		2
11	50	7	7	13	4		3
12	50	7	7	13	4		4

铜

烧成气氛：
还原 1260℃

坯料：
二青土 80%
黄土 20%

	原始基础釉						添加料
	钾长石	高岭土	石英	石灰石	滑石	氧化锌	氧化铜
1	50	7	7	13	4	18	1
2	50	7	7	13	4	18	2
3	50	7	7	13	4	18	3
4	50	7	7	13	4	18	4
5	50	7	7	13	4	18	5
6	50	7	7	13	4	18	6
7	50	7	7	13	4	18	7
8	50	7	7	13	4	18	8
9	50	7	7	13	4		1
10	50	7	7	13	4		2
11	50	7	7	13	4		3
12	50	7	7	13	4		4

铜

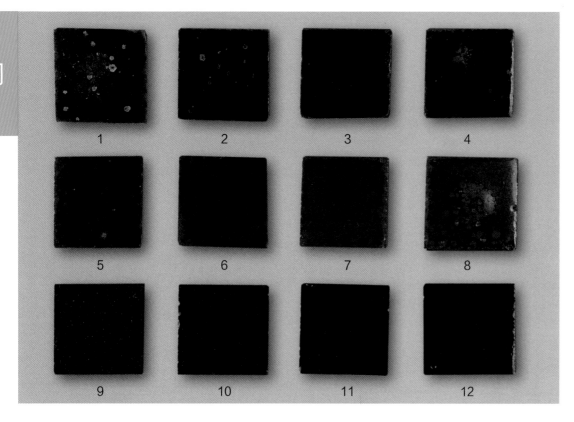

1   2   3   4

5   6   7   8

9   10   11   12

烧成气氛：
氧化 1260℃

坯料：
宜兴缸料 100%

	原始基础釉						添加料
	钾长石	高岭土	石英	石灰石	滑石	氧化锌	氧化铜
1	50	7	7	13	4	18	1
2	50	7	7	13	4	18	2
3	50	7	7	13	4	18	3
4	50	7	7	13	4	18	4
5	50	7	7	13	4	18	5
6	50	7	7	13	4	18	6
7	50	7	7	13	4	18	7
8	50	7	7	13	4	18	8
9	50	7	7	13	4		1
10	50	7	7	13	4		2
11	50	7	7	13	4		3
12	50	7	7	13	4		4

铜

烧成气氛：
还原 1260℃

坯料：
宜兴缸料 100%

	原始基础釉						添加料
	钾长石	高岭土	石英	石灰石	滑石	氧化锌	氧化铜
1	50	7	7	13	4	18	1
2	50	7	7	13	4	18	2
3	50	7	7	13	4	18	3
4	50	7	7	13	4	18	4
5	50	7	7	13	4	18	5
6	50	7	7	13	4	18	6
7	50	7	7	13	4	18	7
8	50	7	7	13	4	18	8
9	50	7	7	13	4		1
10	50	7	7	13	4		2
11	50	7	7	13	4		3
12	50	7	7	13	4		4

铜

1　　2　　3　　4

5　　6　　7　　8

9　　10　　11　　12

烧成气氛：
氧化 1280℃

坯料：
二青土 80%
黄土 20%

	原始基础釉						添加料
	钾长石	高岭土	石英	石灰石	滑石	氧化锌	氧化铜
1	50	7	7	13	4	18	1
2	50	7	7	13	4	18	2
3	50	7	7	13	4	18	3
4	50	7	7	13	4	18	4
5	50	7	7	13	4	18	5
6	50	7	7	13	4	18	6
7	50	7	7	13	4	18	7
8	50	7	7	13	4	18	8
9	50	7	7	13	4		1
10	50	7	7	13	4		2
11	50	7	7	13	4		3
12	50	7	7	13	4		4

铜

烧成气氛：
还原 1280℃

坯料：
二青土 80%
黄土 20%

	原始基础釉						添加料
	钾长石	高岭土	石英	石灰石	滑石	氧化锌	氧化铜
1	50	7	7	13	4	18	1
2	50	7	7	13	4	18	2
3	50	7	7	13	4	18	3
4	50	7	7	13	4	18	4
5	50	7	7	13	4	18	5
6	50	7	7	13	4	18	6
7	50	7	7	13	4	18	7
8	50	7	7	13	4	18	8
9	50	7	7	13	4		1
10	50	7	7	13	4		2
11	50	7	7	13	4		3
12	50	7	7	13	4		4

铜

烧成气氛：
氧化 1300℃

坯料：
瓷泥 100%

	原始基础釉						添加料
	钾长石	高岭土	石英	石灰石	滑石	氧化锌	氧化铜
1	50	7	7	13	4	18	1
2	50	7	7	13	4	18	2
3	50	7	7	13	4	18	3
4	50	7	7	13	4	18	4
5	50	7	7	13	4	18	5
6	50	7	7	13	4	18	6
7	50	7	7	13	4	18	7
8	50	7	7	13	4	18	8
9	50	7	7	13	4		1
10	50	7	7	13	4		2
11	50	7	7	13	4		3
12	50	7	7	13	4		4

铜

烧成气氛：
还原 1300℃

坯料：
瓷泥 100%

	原始基础釉						添加料
	钾长石	高岭土	石英	石灰石	滑石	氧化锌	氧化铜
1	50	7	7	13	4	18	1
2	50	7	7	13	4	18	2
3	50	7	7	13	4	18	3
4	50	7	7	13	4	18	4
5	50	7	7	13	4	18	5
6	50	7	7	13	4	18	6
7	50	7	7	13	4	18	7
8	50	7	7	13	4	18	8
9	50	7	7	13	4		1
10	50	7	7	13	4		2
11	50	7	7	13	4		3
12	50	7	7	13	4		4

铜

烧成气氛：
氧化 1260℃

坯料：
瓷泥 100%

	原始基础釉				添加料	
	钾长石	高岭土	石英	石灰石	氧化铜	长石
1	40	5	23	31	1	
2	40	5	23	31	2	
3	40	5	23	31	3	
4	40	5	23	31	4	
5	40	5	23	31	5	
6	40	5	23	31	6	
7	40	5	23	31	7	
8	40	5	23	31	8	
9	40	5	23	31	5	20
10	40	5	23	31	6	20
11	40	5	23	31	7	20
12	40	5	23	31	8	20

铜

烧成气氛：
弱还原 1260℃

坯料：
瓷泥 100%

	原始基础釉				添加料	
	钾长石	高岭土	石英	石灰石	氧化铜	长石
1	40	5	23	31	1	
2	40	5	23	31	2	
3	40	5	23	31	3	
4	40	5	23	31	4	
5	40	5	23	31	5	
6	40	5	23	31	6	
7	40	5	23	31	7	
8	40	5	23	31	8	
9	40	5	23	31	5	20
10	40	5	23	31	6	20
11	40	5	23	31	7	20
12	40	5	23	31	8	20

铜

烧成气氛：
氧化 1260℃

坯料：
二青土 80%
黄土 20%

	原始基础釉				添加料	
	钾长石	高岭土	石英	石灰石	氧化铜	长石
1	40	5	20	30	1	5
2	40	5	20	30	2	5
3	40	5	20	30	3	5
4	40	5	20	30	4	5
5	40	5	20	30	5	5
6	40	5	20	30	6	5
7	40	5	20	30	7	5
8	40	5	20	30	8	5
9	40	5	20	30	5	20
10	40	5	20	30	6	20
11	40	5	20	30	7	20
12	40	5	20	30	8	20

铜

烧成气氛：
弱还原 1260℃

坯料：
二青土 80%
黄土 20%

	原始基础釉				添加料	
	钾长石	高岭土	石英	石灰石	氧化铜	氧化锌
1	40	5	20	30	1	
2	40	5	20	30	2	
3	40	5	20	30	3	
4	40	5	20	30	4	
5	40	5	20	30	5	
6	40	5	20	30	6	
7	40	5	20	30	7	
8	40	5	20	30	8	
9	40	5	20	30	5	20
10	40	5	20	30	6	20
11	40	5	20	30	7	20
12	40	5	20	30	8	20

铜

烧成气氛：
氧化 1260℃

坯料：
宜兴缸料 100%

	原始基础釉				添加料	
	钾长石	高岭土	石英	石灰石	氧化铜	氧化锌
1	40	5	23	31	1	
2	40	5	23	31	2	
3	40	5	23	31	3	
4	40	5	23	31	4	
5	40	5	23	31	5	
6	40	5	23	31	6	
7	40	5	23	31	7	
8	40	5	23	31	8	
9	40	5	23	31	5	20
10	40	5	23	31	6	20
11	40	5	23	31	7	20
12	40	5	23	31	8	20

铜

烧成气氛：
还原 1260℃

坯料：
宜兴缸料 100%

	原始基础釉				添加料	
	钾长石	高岭土	石英	石灰石	氧化铜	氧化锌
1	40	5	23	31	1	
2	40	5	23	31	2	
3	40	5	23	31	3	
4	40	5	23	31	4	
5	40	5	23	31	5	
6	40	5	23	31	6	
7	40	5	23	31	7	
8	40	5	23	31	8	
9	40	5	23	31	5	20
10	40	5	23	31	6	20
11	40	5	23	31	7	20
12	40	5	23	31	8	20

铜

1
2
3
4

5
6
7
8

9
10
11
12

烧成气氛：
氧化 1280℃

坯料：
二青土 80%
黄土 20%

	原始基础釉				添加料	
	钾长石	高岭土	石英	石灰石	氧化铜	氧化锌
1	40	5	23	31	1	
2	40	5	23	31	2	
3	40	5	23	31	3	
4	40	5	23	31	4	
5	40	5	23	31	5	
6	40	5	23	31	6	
7	40	5	23	31	7	
8	40	5	23	31	8	
9	40	5	23	31	5	20
10	40	5	23	31	6	20
11	40	5	23	31	7	20
12	40	5	23	31	8	20

铜

烧成气氛：
还原 1280℃

坯料：
二青土 80%
黄土 20%

	原始基础釉				添加料	
	钾长石	高岭土	石英	石灰石	氧化铜	氧化锌
1	40	5	23	30	1	
2	40	5	23	30	2	
3	40	5	23	30	3	
4	40	5	23	30	4	
5	40	5	23	30	5	
6	40	5	23	30	6	
7	40	5	23	30	7	
8	40	5	23	30	8	
9	40	5	23	30	5	20
10	40	5	23	30	6	20
11	40	5	23	30	7	20
12	40	5	23	30	8	20

铜

1 2 3 4

5 6 7 8

9 10 11 12

烧成气氛：
氧化 1300℃

坯料：
宜兴缸料 100%

	原始基础釉				添加料	
	钾长石	高岭土	石英	石灰石	氧化铜	氧化锌
1	40	5	23	31	1	
2	40	5	23	31	2	
3	40	5	23	31	3	
4	40	5	23	31	4	
5	40	5	23	31	5	
6	40	5	23	31	6	
7	40	5	23	31	7	
8	40	5	23	31	8	
9	40	5	23	31	5	20
10	40	5	23	31	6	20
11	40	5	23	31	7	20
12	40	5	23	31	8	20

铜

烧成气氛：
还原 1300℃

坯料：
宜兴缸料 100%

	原始基础釉				添加料	
	钾长石	高岭土	石英	石灰石	氧化铜	氧化锌
1	40	5	23	31	1	
2	40	5	23	31	2	
3	40	5	23	31	3	
4	40	5	23	31	4	
5	40	5	23	31	5	
6	40	5	23	31	6	
7	40	5	23	31	7	
8	40	5	23	31	8	
9	40	5	23	31	5	20
10	40	5	23	31	6	20
11	40	5	23	31	7	20
12	40	5	23	31	8	20

铜

烧成气氛：
还原 1260℃

坯料：
瓷泥 100%

	原始基础釉					添加料	
	钾长石	石英	石灰石	氧化锌	氧化锡	氧化铜	果木灰
1	39	19	19	4	2	0.05	
2	39	19	19	4	2	0.10	
3	39	19	19	4	2	0.15	
4	39	19	19	4	2	0.20	
5	39	19	19	4	2	0.25	
6	39	19	19	4	2	0.30	
7	39	19	19	4	2	0.35	
8	39	19	19	4	2	0.40	
9	39	19	19	4	2	0.45	
10	39	19	19	4	2	0.50	
11	39	19	19	4	2	0.05	20
12	39	19	19	4	2	0.05	40

铜

烧成气氛：
还原 1300℃

坯料：
宜兴缸料 100%

	原始基础釉					添加料	
	钾长石	石英	石灰石	氧化锌	氧化锡	氧化铜	果木灰
1	39	19	19	4	2	0.05	
2	39	19	19	4	2	0.10	
3	39	19	19	4	2	0.15	
4	39	19	19	4	2	0.20	
5	39	19	19	4	2	0.25	
6	39	19	19	4	2	0.30	
7	39	19	19	4	2	0.35	
8	39	19	19	4	2	0.40	
9	39	19	19	4	2	0.45	
10	39	19	19	4	2	0.50	
11	39	19	19	4	2	0.05	20
12	39	19	19	4	2	0.05	40

铜

烧成气氛：
氧化 1300℃

坯料：
瓷泥 100%

	原始基础釉					添加料	
	钾长石	石英	石灰石	氧化锌	氧化锡	氧化铜	果木灰
1	39	19	19	4	2	0.05	
2	39	19	19	4	2	0.10	
3	39	19	19	4	2	0.15	
4	39	19	19	4	2	0.20	
5	39	19	19	4	2	0.25	
6	39	19	19	4	2	0.30	
7	39	19	19	4	2	0.35	
8	39	19	19	4	2	0.40	
9	39	19	19	4	2	0.45	
10	39	19	19	4	2	0.50	
11	39	19	19	4	2	0.05	20
12	39	19	19	4	2	0.05	40

铜

烧成气氛：
还原 1300℃

坯料：
瓷泥 100%

	原始基础釉					添加料	
	钾长石	石英	石灰石	氧化锌	氧化锡	氧化铜	果木灰
1	39	19	19	4	2	0.05	
2	39	19	19	4	2	0.10	
3	39	19	19	4	2	0.15	
4	39	19	19	4	2	0.20	
5	39	19	19	4	2	0.25	
6	39	19	19	4	2	0.30	
7	39	19	19	4	2	0.35	
8	39	19	19	4	2	0.40	
9	39	19	19	4	2	0.45	
10	39	19	19	4	2	0.50	
11	39	19	19	4	2	0.05	20
12	39	19	19	4	2	0.05	40

铜

烧成气氛：
氧化 1300℃

坯料：
二青土 80%
黄土 20%

	原始基础釉					添加料	
	钾长石	石英	石灰石	氧化锌	氧化锡	氧化铜	果木灰
1	39	19	19	4	2	0.05	
2	39	19	19	4	2	0.10	
3	39	19	19	4	2	0.15	
4	39	19	19	4	2	0.20	
5	39	19	19	4	2	0.25	
6	39	19	19	4	2	0.30	
7	39	19	19	4	2	0.35	
8	39	19	19	4	2	0.40	
9	39	19	19	4	2	0.45	
10	39	19	19	4	2	0.50	
11	39	19	19	4	2	0.05	20
12	39	19	19	4	2	0.05	40

铜

烧成气氛：
还原 1300℃

坯料：
二青土 80%
黄土 20%

	原始基础釉					添加料	
	钾长石	石英	石灰石	氧化锌	氧化锡	氧化铜	果木灰
1	39	19	19	4	2	0.05	
2	39	19	19	4	2	0.10	
3	39	19	19	4	2	0.15	
4	39	19	19	4	2	0.20	
5	39	19	19	4	2	0.25	
6	39	19	19	4	2	0.30	
7	39	19	19	4	2	0.35	
8	39	19	19	4	2	0.40	
9	39	19	19	4	2	0.45	
10	39	19	19	4	2	0.50	
11	39	19	19	4	2	0.05	20
12	39	19	19	4	2	0.05	40

铜

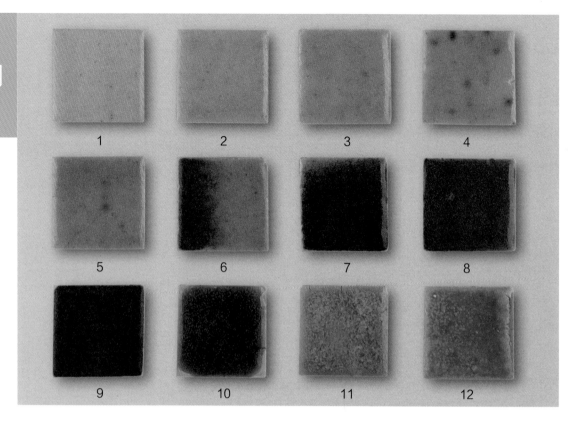

	1	2	3	4
	5	6	7	8
	9	10	11	12

烧成气氛:
氧化 1260℃

坯料:
瓷泥 100%

	原始基础釉					添加料		
	钾长石	石英	高岭土	石灰石	白云石	氧化铜	氧化锌	果木灰
1	35	18	24	3	20	0.1		
2	35	18	24	3	20	0.2		
3	35	18	24	3	20	0.3		
4	35	18	24	3	20	0.4		
5	35	18	24	3	20	0.5		
6	35	18	24	3	20	0.6		
7	35	18	24	3	20	0.7		
8	35	18	24	3	20	0.8		
9	35	18	24	3	20	0.9		
10	35	18	24	3	20	1.0	10	
11	35	18	24	3	20	0.1	10	50
12	35	18	24	3	20		10	100

铜

烧成气氛:
氧化 1260℃

坯料:
宜兴缸料 100%

	原始基础釉					添加料		
	钾长石	石英	高岭土	石灰石	白云石	氧化铜	氧化锌	果木灰
1	35	18	24	3	20	0.1		
2	35	18	24	3	20	0.2		
3	35	18	24	3	20	0.3		
4	35	18	24	3	20	0.4		
5	35	18	24	3	20	0.5		
6	35	18	24	3	20	0.6		
7	35	18	24	3	20	0.7		
8	35	18	24	3	20	0.8		
9	35	18	24	3	20	0.9		
10	35	18	24	3	20	1.0	10	
11	35	18	24	3	20	0.1	10	50
12	35	18	24	3	20		10	100

铜

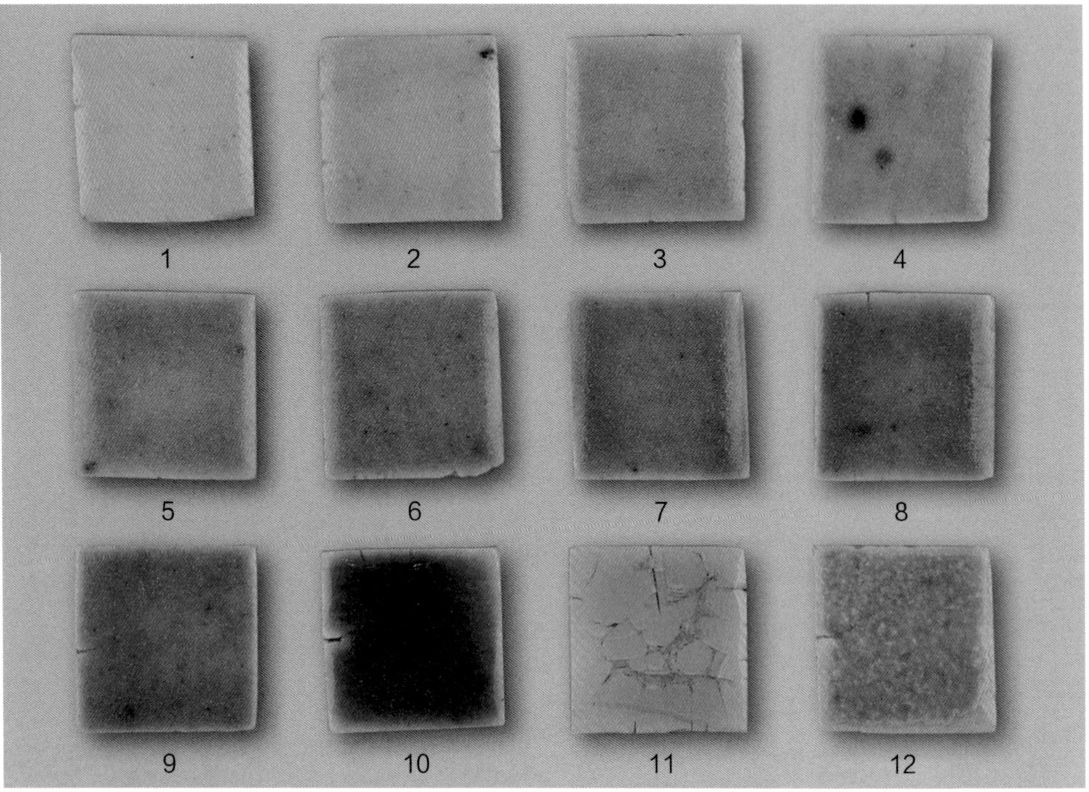

烧成气氛：
氧化 1280℃

坯料：
瓷泥 100%

	原始基础釉					添加料		
	钾长石	石英	高岭土	石灰石	白云石	氧化铜	氧化锌	果木灰
1	35	18	24	3	20	0.1		
2	35	18	24	3	20	0.2		
3	35	18	24	3	20	0.3		
4	35	18	24	3	20	0.4		
5	35	18	24	3	20	0.5		
6	35	18	24	3	20	0.6		
7	35	18	24	3	20	0.7		
8	35	18	24	3	20	0.8		
9	35	18	24	3	20	0.9		
10	35	18	24	3	20	1.0	10	
11	35	18	24	3	20	0.1	10	50
12	35	18	24	3	20		10	100

铜

烧成气氛：
还原 1280℃

坯料：
瓷泥 100%

	原始基础釉					添加料		
	钾长石	石英	高岭土	石灰石	白云石	氧化铜	氧化锌	果木灰
1	35	18	24	3	20	0.1		
2	35	18	24	3	20	0.2		
3	35	18	24	3	20	0.3		
4	35	18	24	3	20	0.4		
5	35	18	24	3	20	0.5		
6	35	18	24	3	20	0.6		
7	35	18	24	3	20	0.7		
8	35	18	24	3	20	0.8		
9	35	18	24	3	20	0.9		
10	35	18	24	3	20	1.0	10	
11	35	18	24	3	20	0.1	10	50
12	35	18	24	3	20		10	100

铜

烧成气氛：
氧化 1280℃

坯料：
二青土 80%
黄土 20%

	原始基础釉					添加料		
	钾长石	石英	高岭土	石灰石	白云石	氧化铜	氧化锌	果木灰
1	35	18	24	3	20	0.1		
2	35	18	24	3	20	0.2		
3	35	18	24	3	20	0.3		
4	35	18	24	3	20	0.4		
5	35	18	24	3	20	0.5		
6	35	18	24	3	20	0.6		
7	35	18	24	3	20	0.7		
8	35	18	24	3	20	0.8		
9	35	18	24	3	20	0.9		
10	35	18	24	3	20	1.0	10	
11	35	18	24	3	20	0.1	10	50
12	35	18	24	3	20		10	100

铜

烧成气氛：
还原 1280℃

坯料：
二青土 80%
黄土 20%

	原始基础釉					添加料		
	钾长石	石英	高岭土	石灰石	白云石	氧化铜	氧化锌	果木灰
1	35	18	24	3	20	0.1		
2	35	18	24	3	20	0.2		
3	35	18	24	3	20	0.3		
4	35	18	24	3	20	0.4		
5	35	18	24	3	20	0.5		
6	35	18	24	3	20	0.6		
7	35	18	24	3	20	0.7		
8	35	18	24	3	20	0.8		
9	35	18	24	3	20	0.9		
10	35	18	24	3	20	1.0	10	
11	35	18	24	3	20	0.1	10	50
12	35	18	24	3	20		10	100

铜

烧成气氛：
氧化 1280℃

坯料：
宜兴缸料 100%

	原始基础釉					添加料		
	钾长石	石英	高岭土	石灰石	白云石	氧化铜	氧化锌	果木灰
1	35	18	24	3	20	0.1		
2	35	18	24	3	20	0.2		
3	35	18	24	3	20	0.3		
4	35	18	24	3	20	0.4		
5	35	18	24	3	20	0.5		
6	35	18	24	3	20	0.6		
7	35	18	24	3	20	0.7		
8	35	18	24	3	20	0.8		
9	35	18	24	3	20	0.9		
10	35	18	24	3	20	1.0	10	
11	35	18	24	3	20	0.1	10	50
12	35	18	24	3	20		10	100

铜

烧成气氛:
还原 1280℃

坯料:
宜兴缸料 100%

	原始基础釉					添加料		
	钾长石	石英	高岭土	石灰石	白云石	氧化铜	氧化锌	果木灰
1	35	18	24	3	20	0.1		
2	35	18	24	3	20	0.2		
3	35	18	24	3	20	0.3		
4	35	18	24	3	20	0.4		
5	35	18	24	3	20	0.5		
6	35	18	24	3	20	0.6		
7	35	18	24	3	20	0.7		
8	35	18	24	3	20	0.8		
9	35	18	24	3	20	0.9		
10	35	18	24	3	20	1.0	10	
11	35	18	24	3	20	0.1	10	50
12	35	18	24	3	20		10	100

铜

烧成气氛：
氧化 1300℃

坯料：
瓷泥 100%

	原始基础釉					添加料		
	钾长石	石英	高岭土	石灰石	白云石	氧化铜	氧化锌	果木灰
1	35	18	24	3	20	0.1		
2	35	18	24	3	20	0.2		
3	35	18	24	3	20	0.3		
4	35	18	24	3	20	0.4		
5	35	18	24	3	20	0.5		
6	35	18	24	3	20	0.6		
7	35	18	24	3	20	0.7		
8	35	18	24	3	20	0.8		
9	35	18	24	3	20	0.9		
10	35	18	24	3	20	1.0	10	
11	35	18	24	3	20	0.1	10	50
12	35	18	24	3	20		10	100

铜

烧成气氛：
还原 1300℃

坯料：
瓷泥 100%

	原始基础釉					添加料		
	钾长石	石英	高岭土	石灰石	白云石	氧化铜	氧化锌	果木灰
1	35	18	24	3	20	0.1		
2	35	18	24	3	20	0.2		
3	35	18	24	3	20	0.3		
4	35	18	24	3	20	0.4		
5	35	18	24	3	20	0.5		
6	35	18	24	3	20	0.6		
7	35	18	24	3	20	0.7		
8	35	18	24	3	20	0.8		
9	35	18	24	3	20	0.9		
10	35	18	24	3	20	1.0	10	
11	35	18	24	3	20	0.1	10	50
12	35	18	24	3	20		10	100

铜

烧成气氛：
氧化 1300℃

坯料：
二青土 80%
黄土 20%

	原始基础釉					添加料		
	钾长石	石英	高岭土	石灰石	白云石	氧化铜	氧化锌	果木灰
1	35	18	24	3	20	0.1		
2	35	18	24	3	20	0.2		
3	35	18	24	3	20	0.3		
4	35	18	24	3	20	0.4		
5	35	18	24	3	20	0.5		
6	35	18	24	3	20	0.6		
7	35	18	24	3	20	0.7		
8	35	18	24	3	20	0.8		
9	35	18	24	3	20	0.9		
10	35	18	24	3	20	1.0	10	
11	35	18	24	3	20	0.1	10	50
12	35	18	24	3	20		10	100

铜

烧成气氛：
还原 1300℃

坯料：
二青土 80%
黄土 20%

	原始基础釉					添加料		
	钾长石	石英	高岭土	石灰石	白云石	氧化铜	氧化锌	果木灰
1	35	18	24	3	20	0.1		
2	35	18	24	3	20	0.2		
3	35	18	24	3	20	0.3		
4	35	18	24	3	20	0.4		
5	35	18	24	3	20	0.5		
6	35	18	24	3	20	0.6		
7	35	18	24	3	20	0.7		
8	35	18	24	3	20	0.8		
9	35	18	24	3	20	0.9		
10	35	18	24	3	20	1.0	10	
11	35	18	24	3	20	0.1	10	50
12	35	18	24	3	20		10	100

铜

烧成气氛：
氧化 1300℃

坯料：
宜兴缸料 100%

	原始基础釉					添加料		
	钾长石	石英	高岭土	石灰石	白云石	氧化铜	氧化锌	果木灰
1	35	18	24	3	20	0.1		
2	35	18	24	3	20	0.2		
3	35	18	24	3	20	0.3		
4	35	18	24	3	20	0.4		
5	35	18	24	3	20	0.5		
6	35	18	24	3	20	0.6		
7	35	18	24	3	20	0.7		
8	35	18	24	3	20	0.8		
9	35	18	24	3	20	0.9		
10	35	18	24	3	20	1.0	10	
11	35	18	24	3	20	0.1	10	50
12	35	18	24	3	20		10	100

铜

烧成气氛:
还原 1300℃

坯料:
宜兴缸料 100%

	原始基础釉					添加料		
	钾长石	石英	高岭土	石灰石	白云石	氧化铜	氧化锌	果木灰
1	35	18	24	3	20	0.1		
2	35	18	24	3	20	0.2		
3	35	18	24	3	20	0.3		
4	35	18	24	3	20	0.4		
5	35	18	24	3	20	0.5		
6	35	18	24	3	20	0.6		
7	35	18	24	3	20	0.7		
8	35	18	24	3	20	0.8		
9	35	18	24	3	20	0.9		
10	35	18	24	3	20	1.0	10	
11	35	18	24	3	20	0.1	10	50
12	35	18	24	3	20		10	100

铜

		1		2		3		4

烧成气氛:
弱还原 1260℃

坯料:
瓷泥 100%

	原始基础釉				添加料		
	钾长石	高岭土	石英	石灰石	氧化铜	果木灰	氧化锌
1	40	5	23	31	1	5	
2	40	5	23	31	2	5	
3	40	5	23	31	3	5	
4	40	5	23	31	4	5	
5	40	5	23	31	1	10	
6	40	5	23	31	2	10	
7	40	5	23	31	3	10	
8	40	5	23	31	4	10	
9	40	5	23	31	1		15
10	40	5	23	31	2		15
11	40	5	23	31	3		15
12	40	5	23	31	4		15

铜

烧成气氛:
氧化 1260℃

坯料:
瓷泥 100%

	原始基础釉				添加料		
	钾长石	高岭土	石英	石灰石	氧化铜	果木灰	氧化锌
1	40	5	23	31	1	5	
2	40	5	23	31	2	5	
3	40	5	23	31	3	5	
4	40	5	23	31	4	5	
5	40	5	23	31	1	10	
6	40	5	23	31	2	10	
7	40	5	23	31	3	10	
8	40	5	23	31	4	10	
9	40	5	23	31	1		15
10	40	5	23	31	2		15
11	40	5	23	31	3		15
12	40	5	23	31	4		15

铜

烧成气氛：
弱还原 1260℃

坯料：
二青土 80%
黄土 20%

	原始基础釉				添加料		
	钾长石	高岭土	石英	石灰石	氧化铜	果木灰	氧化锌
1	40	5	23	31	1		
2	40	5	23	31	2		
3	40	5	23	31	3		
4	40	5	23	31	4		
5	40	5	23	31	1	10	
6	40	5	23	31	2	10	
7	40	5	23	31	3	10	
8	40	5	23	31	4	10	
9	40	5	23	31	1		15
10	40	5	23	31	2		15
11	40	5	23	31	3		15
12	40	5	23	31	4		15

铜

烧成气氛:
弱还原 1260℃

坯料:
宜兴缸料 100%

	原始基础釉				添加料		
	钾长石	高岭土	石英	石灰石	氧化铜	果木灰	氧化锌
1	40	5	23	31	1		
2	40	5	23	31	2		
3	40	5	23	31	3		
4	40	5	23	31	4		
5	40	5	23	31	1	10	
6	40	5	23	31	2	10	
7	40	5	23	31	3	10	
8	40	5	23	31	4	10	
9	40	5	23	31	1		15
10	40	5	23	31	2		15
11	40	5	23	31	3		15
12	40	5	23	31	4		15

铜

烧成气氛：
弱还原 1260℃

坯料：
二青土 80%
黄土 20%

	原始基础釉				添加料	
	钾长石	高岭土	石英	石灰石	碳酸铜	长石
1	40	5	23	31	1	
2	40	5	23	31	2	
3	40	5	23	31	3	
4	40	5	23	31	4	
5	40	5	23	31	5	
6	40	5	23	31	6	
7	40	5	23	31	7	
8	40	5	23	31	8	
9	40	5	23	31	1	5
10	40	5	23	31	2	5
11	40	5	23	31	3	5
12	40	5	23	31	4	5

铜

烧成气氛：
弱还原 1300℃

坯料：
二青土 80%
黄土 20%

	原始基础釉				添加料	
	钾长石	高岭土	石英	石灰石	碳酸铜	石英
1	40	5	23	31	1	
2	40	5	23	31	2	
3	40	5	23	31	3	
4	40	5	23	31	4	
5	40	5	23	31	5	
6	40	5	23	31	6	
7	40	5	23	31	7	
8	40	5	23	31	8	
9	40	5	23	31	5	5
10	40	5	23	31	6	5
11	40	5	23	31	7	5
12	40	5	23	31	8	5

铜

1　2　3　4

5　6　7　8

9　10　11　12

烧成气氛:
氧化 1260℃

坯料:
宜兴缸料 100%

	原始基础釉				添加料	
	钾长石	高岭土	石英	石灰石	碳酸铜	长石
1	40	5	23	31	1	
2	40	5	23	31	2	
3	40	5	23	31	3	
4	40	5	23	31	4	
5	40	5	23	31	5	
6	40	5	23	31	6	
7	40	5	23	31	7	
8	40	5	23	31	8	
9	40	5	23	31	1	5
10	40	5	23	31	2	5
11	40	5	23	31	3	5
12	40	5	23	31	4	5

铜

烧成气氛：
还原 1300℃

坯料：
宜兴缸料 100%

	原始基础釉				添加料	
	钾长石	高岭土	石英	石灰石	碳酸铜	长石
1	40	5	23	31	1	
2	40	5	23	31	2	
3	40	5	23	31	3	
4	40	5	23	31	4	
5	40	5	23	31	5	
6	40	5	23	31	6	
7	40	5	23	31	7	
8	40	5	23	31	8	
9	40	5	23	31	1	5
10	40	5	23	31	2	5
11	40	5	23	31	3	5
12	40	5	23	31	4	5

铜

烧成气氛：
氧化 1260℃

坯料：
瓷泥 100%

烧成气氛：
还原 1260℃

坯料：
瓷泥 100%

| | 原始基础釉 | | | | | | 添加料 |
	钾长石	高岭土	石英	石灰石	滑石	氧化锌	碳酸铜
1	50	7	7	13	4	18	1
2	50	7	7	13	4	18	2
3	50	7	7	13	4	18	3
4	50	7	7	13	4	18	4
5	50	7	7	13	4	18	5
6	50	7	7	13	4	18	6
7	50	7	7	13	4	18	7
8	50	7	7	13	4	18	8

铜

烧成气氛：
氧化 1260℃

坯料：
二青土 80%
黄土 20%

烧成气氛：
还原 1260℃

坯料：
二青土 80%
黄土 20%

| | 原始基础釉 | | | | | | 添加料 |
	钾长石	高岭土	石英	石灰石	滑石	氧化锌	碳酸铜
1	50	7	7	13	4	18	1
2	50	7	7	13	4	18	2
3	50	7	7	13	4	18	3
4	50	7	7	13	4	18	4
5	50	7	7	13	4	18	5
6	50	7	7	13	4	18	6
7	50	7	7	13	4	18	7
8	50	7	7	13	4	18	8

铜

1
2
3
4
5
6
7
8
9
10
11
12

烧成气氛：
还原 1260℃

坯料：
二青土 80%
黄土 20%

	原始基础釉				添加料	
	钾长石	高岭土	石英	石灰石	碳酸铜	果木灰
1	40	5	23	31	1	
2	40	5	23	31	2	
3	40	5	23	31	3	
4	40	5	23	31	4	
5	40	5	23	31	5	
6	40	5	23	31	6	
7	40	5	23	31	7	
8	40	5	23	31	8	
9	40	5	23	31	1	15
10	40	5	23	31	2	15
11	40	5	23	31	3	15
12	40	5	23	31	4	15

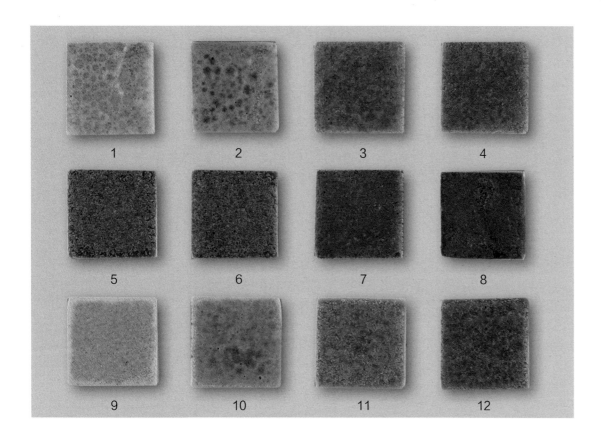

铜

烧成气氛：
还原 1260℃

坯料：
瓷泥 100%

	原始基础釉				添加料	
	钾长石	高岭土	石英	石灰石	碳酸铜	氧化锌
1	40	5	23	31	1	
2	40	5	23	31	2	
3	40	5	23	31	3	
4	40	5	23	31	4	
5	40	5	23	31	5	
6	40	5	23	31	6	
7	40	5	23	31	7	
8	40	5	23	31	8	
9	40	5	23	31	1	15
10	40	5	23	31	2	15
11	40	5	23	31	3	15
12	40	5	23	31	4	15

铜

烧成气氛：
氧化 1300℃

坯料：
二青土 80%
黄土 20%

	原始基础釉				添加料	
	钾长石	高岭土	石英	石灰石	碳酸铜	氧化锌
1	40	5	23	31	1	
2	40	5	23	31	2	
3	40	5	23	31	3	
4	40	5	23	31	4	
5	40	5	23	31	5	
6	40	5	23	31	6	
7	40	5	23	31	7	
8	40	5	23	31	8	
9	40	5	23	31	1	15
10	40	5	23	31	2	15
11	40	5	23	31	3	15
12	40	5	23	31	4	15

烧成气氛：
还原 1260℃

坯料：
二青土 80%
黄土 20%

	原始基础釉				添加料	
	钾长石	高岭土	石英	石灰石	碳酸铜	氧化锌
1	40	5	23	31	1	5
2	40	5	23	31	2	5
3	40	5	23	31	3	5
4	40	5	23	31	4	5
5	40	5	23	31	5	5
6	40	5	23	31	6	5
7	40	5	23	31	7	5
8	40	5	23	31	8	5
9	40	5	23	31	1	15
10	40	5	23	31	2	15
11	40	5	23	31	3	15
12	40	5	23	31	4	15

铜

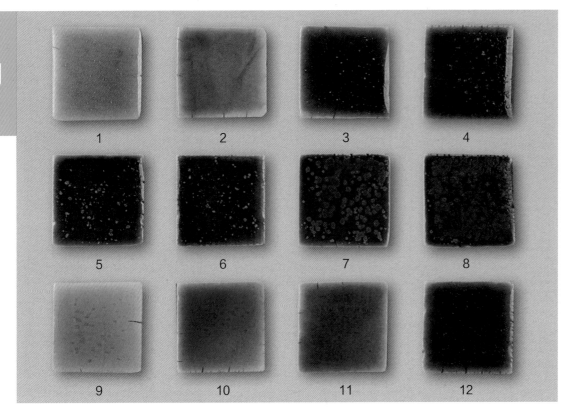

烧成气氛：
氧化 1280℃

坯料：
瓷泥 100%

	原始基础釉				添加料	
	钾长石	高岭土	石英	石灰石	碳酸铜	氧化锌
1	40	5	23	31	1	
2	40	5	23	31	2	
3	40	5	23	31	3	
4	40	5	23	31	4	
5	40	5	23	31	5	
6	40	5	23	31	6	
7	40	5	23	31	7	
8	40	5	23	31	8	
9	40	5	23	31	1	15
10	40	5	23	31	2	15
11	40	5	23	31	3	15
12	40	5	23	31	4	15

铜

烧成气氛：
弱还原 1280℃

坯料：
瓷泥 100%

	原始基础釉				添加料	
	钾长石	高岭土	石英	石灰石	碳酸铜	氧化锌
1	40	5	23	31	1	
2	40	5	23	31	2	
3	40	5	23	31	3	
4	40	5	23	31	4	
5	40	5	23	31	5	
6	40	5	23	31	6	
7	40	5	23	31	7	
8	40	5	23	31	8	
9	40	5	23	31	1	15
10	40	5	23	31	2	15
11	40	5	23	31	3	15
12	40	5	23	31	4	15

铜

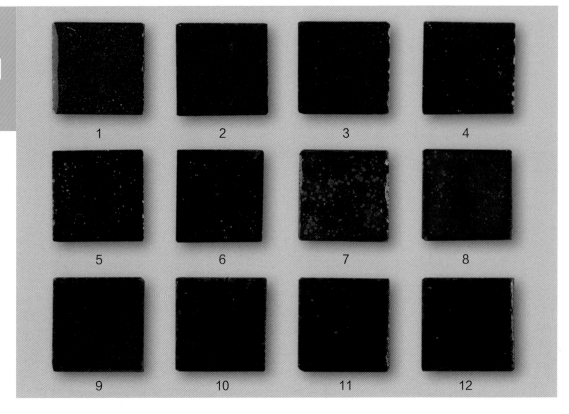

烧成气氛：
氧化 1280℃

坯料：
宜兴缸料 100%

	原始基础釉				添加料	
	钾长石	高岭土	石英	石灰石	碳酸铜	氧化锌
1	40	5	23	31	1	
2	40	5	23	31	2	
3	40	5	23	31	3	
4	40	5	23	31	4	
5	40	5	23	31	5	
6	40	5	23	31	6	
7	40	5	23	31	7	
8	40	5	23	31	8	
9	40	5	23	31	1	15
10	40	5	23	31	2	15
11	40	5	23	31	3	15
12	40	5	23	31	4	15

铜

烧成气氛：
氧化 1280℃

坯料：
二青土 80%
黄土 20%

	原始基础釉				添加料	
	钾长石	高岭土	石英	石灰石	碳酸铜	氧化锌
1	40	5	23	31	1	
2	40	5	23	31	2	
3	40	5	23	31	3	
4	40	5	23	31	4	
5	40	5	23	31	5	
6	40	5	23	31	6	
7	40	5	23	31	7	
8	40	5	23	31	8	
9	40	5	23	31	1	15
10	40	5	23	31	2	15
11	40	5	23	31	3	15
12	40	5	23	31	4	15

铜

烧成气氛：
氧化 1260℃

坯料：
瓷泥 100%

	原始基础釉				添加料	
	钾长石	高岭土	石英	石灰石	碳酸铜	果木灰
1	40	5	20	30	1	
2	40	5	20	30	2	
3	40	5	20	30	3	
4	40	5	20	30	4	
5	40	5	20	30	5	
6	40	5	20	30	6	
7	40	5	20	30	7	
8	40	5	20	30	8	
9	40	5	20	30	1	15
10	40	5	20	30	2	15
11	40	5	20	30	3	15
12	40	5	20	30	4	15

铜

烧成气氛:
还原 1260℃

坯料:
瓷泥 100%

	原始基础釉				添加料	
	钾长石	高岭土	石英	石灰石	碳酸铜	果木灰
1	40	5	20	30	1	
2	40	5	20	30	2	
3	40	5	20	30	3	
4	40	5	20	30	4	
5	40	5	20	30	5	
6	40	5	20	30	6	
7	40	5	20	30	7	
8	40	5	20	30	8	
9	40	5	20	30	1	15
10	40	5	20	30	2	15
11	40	5	20	30	3	15
12	40	5	20	30	4	15

铜

烧成气氛：
氧化 1260℃

坯料：
二青土 80%
黄土 20%

	原始基础釉				添加料	
	钾长石	高岭土	石英	石灰石	碳酸铜	果木灰
1	40	5	23	31	1	
2	40	5	23	31	2	
3	40	5	23	31	3	
4	40	5	23	31	4	
5	40	5	23	31	5	
6	40	5	23	31	6	
7	40	5	23	31	7	
8	40	5	23	31	8	
9	40	5	23	31	1	15
10	40	5	23	31	2	15
11	40	5	23	31	3	15
12	40	5	23	31	4	15

铜

烧成气氛:
还原 1260℃

坯料:
二青土 80%
黄土 20%

	原始基础釉				添加料	
	钾长石	高岭土	石英	石灰石	碳酸铜	果木灰
1	40	5	20	30	1	
2	40	5	20	30	2	
3	40	5	20	30	3	
4	40	5	20	30	4	
5	40	5	20	30	5	
6	40	5	20	30	6	
7	40	5	20	30	7	
8	40	5	20	30	8	
9	40	5	20	30	1	15
10	40	5	20	30	2	15
11	40	5	20	30	3	15
12	40	5	20	30	4	15

铜

烧成气氛：
弱还原 1260℃

坯料：
宜兴缸料 100%

	原始基础釉				添加料	
	钾长石	高岭土	石英	石灰石	碳酸铜	果木灰
1	40	5	23	31	1	
2	40	5	23	31	2	
3	40	5	23	31	3	
4	40	5	23	31	4	
5	40	5	23	31	5	
6	40	5	23	31	6	
7	40	5	23	31	7	
8	40	5	23	31	8	
9	40	5	23	31	1	15
10	40	5	23	31	2	15
11	40	5	23	31	3	15
12	40	5	23	31	4	15

铜

烧成气氛：
强还原 1260℃

坯料：
宜兴缸料 100%

	原始基础釉				添加料	
	钾长石	高岭土	石英	石灰石	碳酸铜	果木灰
1	40	5	23	31	1	
2	40	5	23	31	2	
3	40	5	23	31	3	
4	40	5	23	31	4	
5	40	5	23	31	5	
6	40	5	23	31	6	
7	40	5	23	31	7	
8	40	5	23	31	8	
9	40	5	23	31	1	15
10	40	5	23	31	2	15
11	40	5	23	31	3	15
12	40	5	23	31	4	15

铜

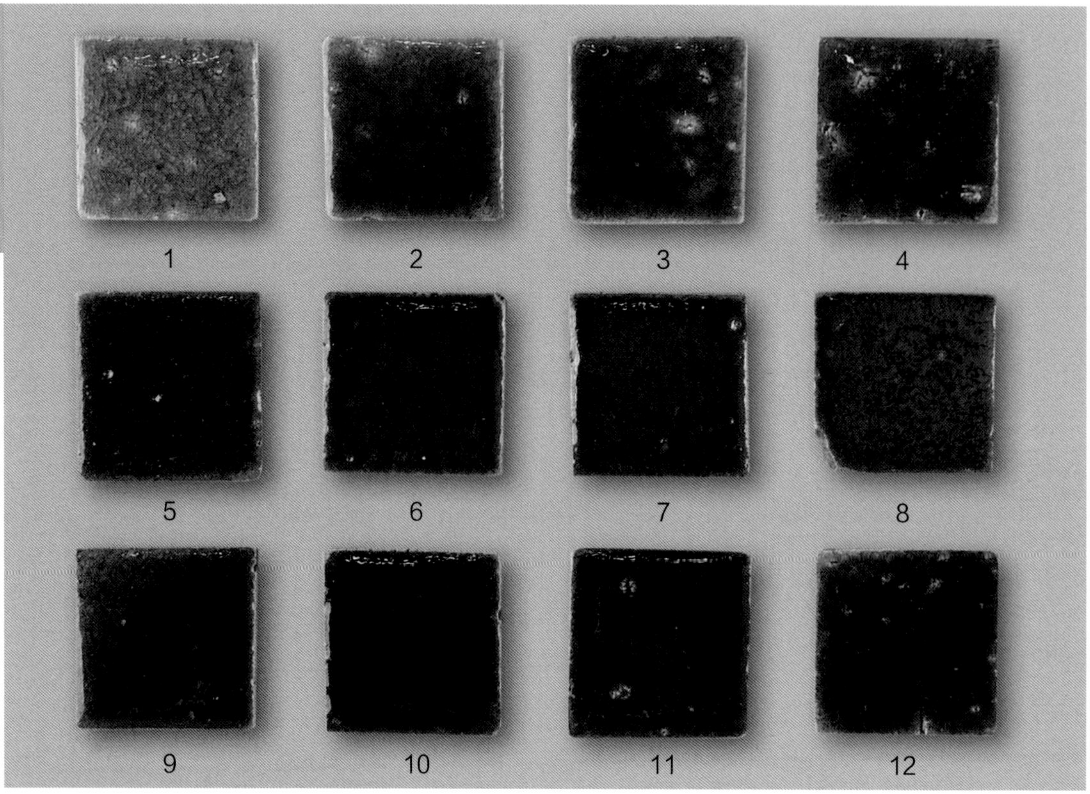

烧成气氛：
氧化 1260℃

坯料：
二青土 80%
黄土 20%

	原始基础釉						添加料	
	钾长石	高岭土	石英	石灰石	滑石	氧化锌	碳酸铜	果木灰
1	50	7	7	13	4	18	1	
2	50	7	7	13	4	18	2	
3	50	7	7	13	4	18	3	
4	50	7	7	13	4	18	4	
5	50	7	7	13	4	18	5	
6	50	7	7	13	4	18	6	
7	50	7	7	13	4	18	7	
8	50	7	7	13	4	18	8	
9	50	7	7	13	4	18	5	50
10	50	7	7	13	4	18	6	50
11	50	7	7	13	4	18	7	50
12	50	7	7	13	4	18	8	50

铜

烧成气氛：
还原 1260℃

坯料：
二青土 80%
黄土 20%

	原始基础釉						添加料	
	钾长石	高岭土	石英	石灰石	滑石	氧化锌	碳酸铜	果木灰
1	50	7	7	13	4	18	1	
2	50	7	7	13	4	18	2	
3	50	7	7	13	4	18	3	
4	50	7	7	13	4	18	4	
5	50	7	7	13	4	18	5	
6	50	7	7	13	4	18	6	
7	50	7	7	13	4	18	7	
8	50	7	7	13	4	18	8	
9	50	7	7	13	4	18	5	50
10	50	7	7	13	4	18	6	50
11	50	7	7	13	4	18	7	50
12	50	7	7	13	4	18	8	50

铜

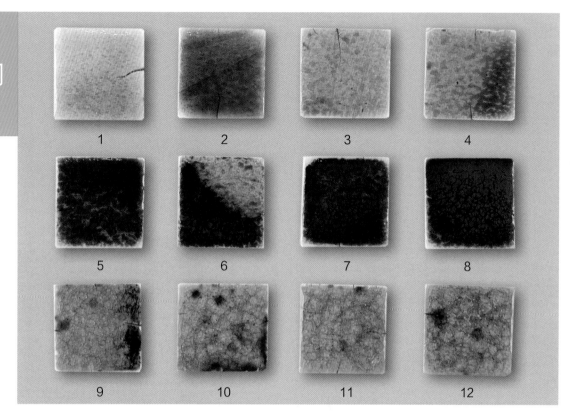

烧成气氛：
氧化 1280℃

坯料：
瓷泥 100%

	原始基础釉						添加料	
	钾长石	高岭土	石英	石灰石	滑石	氧化锌	碳酸铜	果木灰
1	50	7	7	13	4	18	1	
2	50	7	7	13	4	18	2	
3	50	7	7	13	4	18	3	
4	50	7	7	13	4	18	4	
5	50	7	7	13	4	18	5	
6	50	7	7	13	4	18	6	
7	50	7	7	13	4	18	7	
8	50	7	7	13	4	18	8	
9	50	7	7	13	4	18	5	50
10	50	7	7	13	4	18	6	50
11	50	7	7	13	4	18	7	50
12	50	7	7	13	4	18	8	50

铜

烧成气氛：
还原 1280℃

坯料：
瓷泥 100%

	原始基础釉						添加料	
	钾长石	高岭土	石英	石灰石	滑石	氧化锌	碳酸铜	果木灰
1	50	7	7	13	4	18	1	
2	50	7	7	13	4	18	2	
3	50	7	7	13	4	18	3	
4	50	7	7	13	4	18	4	
5	50	7	7	13	4	18	5	
6	50	7	7	13	4	18	6	
7	50	7	7	13	4	18	7	
8	50	7	7	13	4	18	8	
9	50	7	7	13	4	18	5	50
10	50	7	7	13	4	18	6	50
11	50	7	7	13	4	18	7	50
12	50	7	7	13	4	18	8	50

铜

烧成气氛：
氧化 1280℃

坯料：
宜兴缸料 100%

	原始基础釉						添加料	
	钾长石	高岭土	石英	石灰石	滑石	氧化锌	碳酸铜	果木灰
1	50	7	7	13	4	18	1	
2	50	7	7	13	4	18	2	
3	50	7	7	13	4	18	3	
4	50	7	7	13	4	18	4	
5	50	7	7	13	4	18	5	
6	50	7	7	13	4	18	6	
7	50	7	7	13	4	18	7	
8	50	7	7	13	4	18	8	
9	50	7	7	13	4	18	5	50
10	50	7	7	13	4	18	6	50
11	50	7	7	13	4	18	7	50
12	50	7	7	13	4	18	8	50

铜

烧成气氛：
还原 1280℃

坯料：
宜兴缸料 100%

	原始基础釉						添加料	
	钾长石	高岭土	石英	石灰石	滑石	氧化锌	碳酸铜	果木灰
1	50	7	7	13	4	18	1	
2	50	7	7	13	4	18	2	
3	50	7	7	13	4	18	3	
4	50	7	7	13	4	18	4	
5	50	7	7	13	4	18	5	
6	50	7	7	13	4	18	6	
7	50	7	7	13	4	18	7	
8	50	7	7	13	4	18	8	
9	50	7	7	13	4	18	5	50
10	50	7	7	13	4	18	6	50
11	50	7	7	13	4	18	7	50
12	50	7	7	13	4	18	8	50

铜

烧成气氛：
氧化 1300℃

坯料：
瓷泥 100%

	原始基础釉						添加料	
	钾长石	高岭土	石英	石灰石	滑石	氧化锌	碳酸铜	果木灰
1	50	7	7	13	4	18	1	
2	50	7	7	13	4	18	2	
3	50	7	7	13	4	18	3	
4	50	7	7	13	4	18	4	
5	50	7	7	13	4	18	5	
6	50	7	7	13	4	18	6	
7	50	7	7	13	4	18	7	
8	50	7	7	13	4	18	8	
9	50	7	7	13	4	18	5	50
10	50	7	7	13	4	18	6	50
11	50	7	7	13	4	18	7	50
12	50	7	7	13	4	18	8	50

铜

烧成气氛：
还原 1300℃

坯料：
瓷泥 100%

	原始基础釉						添加料	
	钾长石	高岭土	石英	石灰石	滑石	氧化锌	碳酸铜	果木灰
1	50	7	7	13	4	18	1	
2	50	7	7	13	4	18	2	
3	50	7	7	13	4	18	3	
4	50	7	7	13	4	18	4	
5	50	7	7	13	4	18	5	
6	50	7	7	13	4	18	6	
7	50	7	7	13	4	18	7	
8	50	7	7	13	4	18	8	
9	50	7	7	13	4	18	5	50
10	50	7	7	13	4	18	6	50
11	50	7	7	13	4	18	7	50
12	50	7	7	13	4	18	8	50

铜

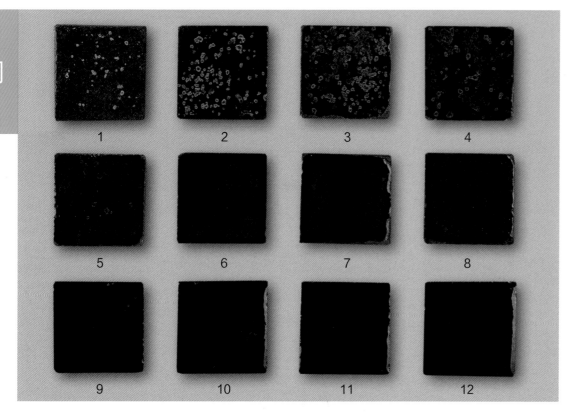

烧成气氛：
氧化 1300℃

坯料：
宜兴缸料 100%

	原始基础釉						添加料	
	钾长石	高岭土	石英	石灰石	滑石	氧化锌	碳酸铜	果木灰
1	50	7	7	13	4	18	1	
2	50	7	7	13	4	18	2	
3	50	7	7	13	4	18	3	
4	50	7	7	13	4	18	4	
5	50	7	7	13	4	18	5	
6	50	7	7	13	4	18	6	
7	50	7	7	13	4	18	7	
8	50	7	7	13	4	18	8	
9	50	7	7	13	4	18	5	50
10	50	7	7	13	4	18	6	50
11	50	7	7	13	4	18	7	50
12	50	7	7	13	4	18	8	50

铜

烧成气氛:
还原 1300℃

坯料:
宜兴缸料 100%

	原始基础釉						添加料	
	钾长石	高岭土	石英	石灰石	滑石	氧化锌	碳酸铜	果木灰
1	50	7	7	13	4	18	1	
2	50	7	7	13	4	18	2	
3	50	7	7	13	4	18	3	
4	50	7	7	13	4	18	4	
5	50	7	7	13	4	18	5	
6	50	7	7	13	4	18	6	
7	50	7	7	13	4	18	7	
8	50	7	7	13	4	18	8	
9	50	7	7	13	4	18	5	50
10	50	7	7	13	4	18	6	50
11	50	7	7	13	4	18	7	50
12	50	7	7	13	4	18	8	50

铜

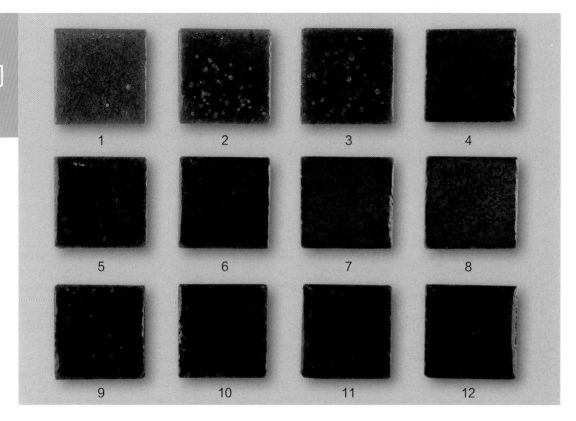

烧成气氛：
氧化 1300℃

坯料：
二青土 80%
黄土 20%

	原始基础釉						添加料	
	钾长石	高岭土	石英	石灰石	滑石	氧化锌	碳酸铜	果木灰
1	50	7	7	13	4	18	1	
2	50	7	7	13	4	18	2	
3	50	7	7	13	4	18	3	
4	50	7	7	13	4	18	4	
5	50	7	7	13	4	18	5	
6	50	7	7	13	4	18	6	
7	50	7	7	13	4	18	7	
8	50	7	7	13	4	18	8	
9	50	7	7	13	4	18	5	50
10	50	7	7	13	4	18	6	50
11	50	7	7	13	4	18	7	50
12	50	7	7	13	4	18	8	50

铜

	1	2	3	4
	5	6	7	8
	9	10	11	12

烧成气氛：
还原 1260℃

坯料：
瓷泥 100%

	原始基础釉						添加料	
	钾长石	高岭土	石英	石灰石	滑石	氧化锌	碳酸铜	果木灰
1	50	7	7	13	4	18	1	
2	50	7	7	13	4	18	2	
3	50	7	7	13	4	18	3	
4	50	7	7	13	4	18	4	
5	50	7	7	13	4	18	5	
6	50	7	7	13	4	18	6	
7	50	7	7	13	4	18	7	
8	50	7	7	13	4	18	8	
9	50	7	7	13	4	18	5	50
10	50	7	7	13	4	18	6	50
11	50	7	7	13	4	18	7	50
12	50	7	7	13	4	18	8	50

铜

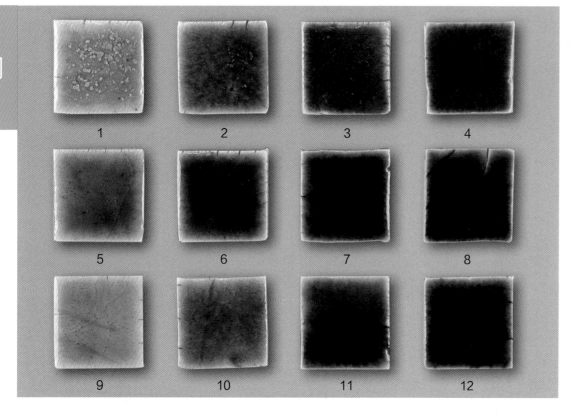

烧成气氛：
氧化 1260℃

坯料：
瓷泥 100%

	原始基础釉						添加料		
	钾长石	高岭土	石英	石灰石	滑石	氧化锌	碳酸铜	氧化铜	果木灰
1	50	7	7	13	4	18	1		5
2	50	7	7	13	4	18	2		5
3	50	7	7	13	4	18	3		5
4	50	7	7	13	4	18	4		5
5	50	7	7	13	4	18		1	10
6	50	7	7	13	4	18		2	10
7	50	7	7	13	4	18		3	10
8	50	7	7	13	4	18		4	10
9	50	7	7	13	4	18	1		10
10	50	7	7	13	4	18	2		10
11	50	7	7	13	4	18	3		10
12	50	7	7	13	4	18	4		10

铜

烧成气氛：
还原 1260℃

坯料：
瓷泥 100%

	原始基础釉						添加料		
	钾长石	高岭土	石英	石灰石	滑石	氧化锌	碳酸铜	氧化铜	果木灰
1	50	7	7	13	4	18	1		5
2	50	7	7	13	4	18	2		5
3	50	7	7	13	4	18	3		5
4	50	7	7	13	4	18	4		5
5	50	7	7	13	4	18		1	10
6	50	7	7	13	4	18		2	10
7	50	7	7	13	4	18		3	10
8	50	7	7	13	4	18		4	10
9	50	7	7	13	4	18	1		10
10	50	7	7	13	4	18	2		10
11	50	7	7	13	4	18	3		10
12	50	7	7	13	4	18	4		10

铜

烧成气氛：
氧化 1260℃

坯料：
二青土 80%
黄土 20%

| | 原始基础釉 | | | | | | 添加料 | | |
	钾长石	高岭土	石英	石灰石	滑石	氧化锌	碳酸铜	氧化铜	果木灰
1	50	7	7	13	4	18	1		5
2	50	7	7	13	4	18	2		5
3	50	7	7	13	4	18	3		5
4	50	7	7	13	4	18	4		5
5	50	7	7	13	4	18		1	10
6	50	7	7	13	4	18		2	10
7	50	7	7	13	4	18		3	10
8	50	7	7	13	4	18		4	10
9	50	7	7	13	4	18	1		10
10	50	7	7	13	4	18	2		10
11	50	7	7	13	4	18	3		10
12	50	7	7	13	4	18	4		10

铜

烧成气氛：
还原 1260℃

坯料：
二青土 80%
黄土 20%

	原始基础釉						添加料		
	钾长石	高岭土	石英	石灰石	滑石	氧化锌	碳酸铜	氧化铜	果木灰
1	50	7	7	13	4	18	1		5
2	50	7	7	13	4	18	2		5
3	50	7	7	13	4	18	3		5
4	50	7	7	13	4	18	4		5
5	50	7	7	13	4	18		1	10
6	50	7	7	13	4	18		2	10
7	50	7	7	13	4	18		3	10
8	50	7	7	13	4	18		4	10
9	50	7	7	13	4	18	1		10
10	50	7	7	13	4	18	2		10
11	50	7	7	13	4	18	3		10
12	50	7	7	13	4	18	4		10

铜

烧成气氛：
氧化 1260℃

坯料：
宜兴缸料 100%

	原始基础釉						添加料		
	钾长石	高岭土	石英	石灰石	滑石	氧化锌	碳酸铜	氧化铜	果木灰
1	50	7	7	13	4	18	1		
2	50	7	7	13	4	18	2		
3	50	7	7	13	4	18	3		
4	50	7	7	13	4	18	4		
5	50	7	7	13	4	18		1	10
6	50	7	7	13	4	18		2	10
7	50	7	7	13	4	18		3	10
8	50	7	7	13	4	18		4	10
9	50	7	7	13	4	18	1		10
10	50	7	7	13	4	18	2		10
11	50	7	7	13	4	18	3		10
12	50	7	7	13	4	18	4		10

铜

烧成气氛:
还原 1260℃

坯料:
宜兴缸料 100%

	原始基础釉						添加料		
	钾长石	高岭土	石英	石灰石	滑石	氧化锌	碳酸铜	氧化铜	果木灰
1	50	7	7	13	4	18	1		
2	50	7	7	13	4	18	2		
3	50	7	7	13	4	18	3		
4	50	7	7	13	4	18	4		
5	50	7	7	13	4	18		1	10
6	50	7	7	13	4	18		2	10
7	50	7	7	13	4	18		3	10
8	50	7	7	13	4	18		4	10
9	50	7	7	13	4	18	1		10
10	50	7	7	13	4	18	2		10
11	50	7	7	13	4	18	3		10
12	50	7	7	13	4	18	4		10

5.2.2　钴

氧化钴为黑色，着色力极强。含量达0.25%即显蓝，超过1%逐渐呈现深蓝。钴（Co）呈色稳定，无论氧化、还原，显色不变。

若与铁、锰、铜、钛、镁等氧化物混合使用，呈色会有微妙的变化，或沉稳，或柔和，善用可获得理想效果。

钴

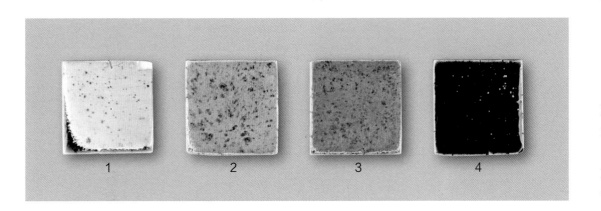

烧成气氛:
氧化 1260℃

坯料:
瓷泥 100%

	原始基础釉				添加料
	钾长石	高岭土	石英	石灰石	氧化钴
1	40	5	23	31	0.25
2	40	5	23	31	0.50
3	40	5	23	31	1.00
4	40	5	23	31	1.50

烧成气氛:
还原 1260℃

坯料:
瓷泥 100%

	原始基础釉				添加料
	钾长石	高岭土	石英	石灰石	氧化钴
1	40	5	23	31	0.25
2	40	5	23	31	0.50
3	40	5	23	31	1.00
4	40	5	23	31	1.50

钴

烧成气氛:
氧化 1280℃

坯料:
瓷泥 100%

烧成气氛:
氧化 1280℃

坯料:
二青土 80%
黄土 20%

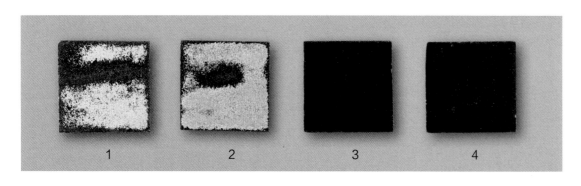

烧成气氛:
氧化 1280℃

坯料:
宜兴缸料 100%

| | 原始基础釉 | | | | 添加料 |
	钾长石	高岭土	石英	石灰石	氧化钴
1	40	5	23	31	0.25
2	40	5	23	31	0.50
3	40	5	23	31	1.00
4	40	5	23	31	1.50

烧成气氛：
还原 1280℃

坯料：
瓷泥 100%

钴

烧成气氛：
还原 1280℃

坯料：
二青土 80%
黄土 20%

烧成气氛：
还原 1280℃

坯料：
宜兴缸料 100%

	原始基础釉				添加料
	钾长石	高岭土	石英	石灰石	氧化钴
1	40	5	23	31	0.25
2	40	5	23	31	0.50
3	40	5	23	31	1.00
4	40	5	23	31	1.50

钴

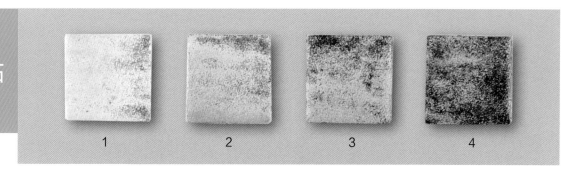

烧成气氛：
氧化 1300℃

坯料：
瓷泥 100%

烧成气氛：
氧化 1300℃

坯料：
二青土 80%
黄土 20%

烧成气氛：
氧化 1300℃

坯料：
宜兴缸料 100%

| | 原始基础釉 | | | | 添加料 |
	钾长石	高岭土	石英	石灰石	氧化钴
1	40	5	23	31	0.25
2	40	5	23	31	0.50
3	40	5	23	31	1.00
4	40	5	23	31	1.50

钴

烧成气氛：
还原 1300℃

坯料：
瓷泥 100%

烧成气氛：
还原 1300℃

坯料：
二青土 80%
黄土 20%

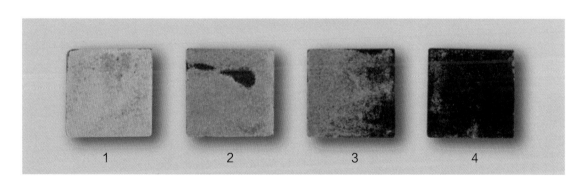

烧成气氛：
还原 1300℃

坯料：
宜兴缸料 100%

| | 原始基础釉 | | | | 添加料 |
	钾长石	高岭土	石英	石灰石	氧化钴
1	40	5	23	31	0.25
2	40	5	23	31	0.50
3	40	5	23	31	1.00
4	40	5	23	31	1.50

钴

烧成气氛：
氧化 1260℃

坯料：
瓷泥 100%

	原始基础釉				添加料
	钾长石	石英	高岭土	白云石	氧化钴
1	48	5	23	24	0.3
2	48	5	23	24	0.6
3	48	5	23	24	0.9
4	48	5	23	24	1.2
5	48	5	23	24	1.5
6	48	5	23	24	1.8
7	48	5	23	24	2.1
8	48	5	23	24	2.4
9	48	5	23	24	2.7
10	48	5	23	24	3.0

钴

烧成气氛：
还原 1300℃

坯料：
瓷泥 100%

	原始基础釉				添加料
	钾长石	石英	高岭土	白云石	氧化钴
1	48	5	23	24	0.3
2	48	5	23	24	0.6
3	48	5	23	24	0.9
4	48	5	23	24	1.2
5	48	5	23	24	1.5
6	48	5	23	24	1.8
7	48	5	23	24	2.1
8	48	5	23	24	2.4
9	48	5	23	24	2.7
10	48	5	23	24	3.0

钴

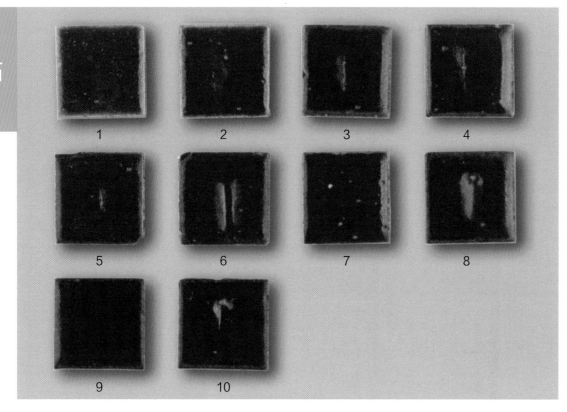

烧成气氛：
氧化 1260℃

坯料：
二青土 80%
黄土 20%

| | 原始基础釉 | | | | 添加料 |
	钾长石	石英	高岭土	白云石	氧化钴
1	48	5	23	24	0.3
2	48	5	23	24	0.6
3	48	5	23	24	0.9
4	48	5	23	24	1.2
5	48	5	23	24	1.5
6	48	5	23	24	1.8
7	48	5	23	24	2.1
8	48	5	23	24	2.4
9	48	5	23	24	2.7
10	48	5	23	24	3.0

钴

烧成气氛：
还原 1300℃

坯料：
二青土 80%
黄土 20%

	原始基础釉				添加料	
	钾长石	石英	高岭土	白云石	氧化钴	附注
1	40	5	23	24	0.3	
2	40	5	23	24	0.6	
3	40	5	23	24	0.9	
4	40	5	23	24	1.2	
5	40	5	23	24	1.5	
6	40	5	23	24	1.8	
7	40	5	23	24	2.1	
8	40	5	23	24	2.4	
9	40	5	23	24	2.7	
10	40	5	23	24	3.0	
11	40	5	23	24	0.15	1260℃
12	40	5	23	24	0.075	1260℃

钴

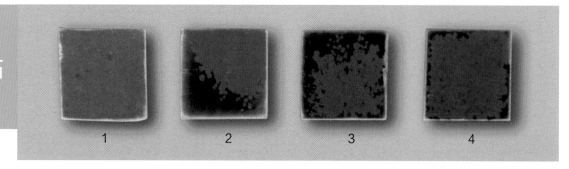

烧成气氛：
氧化 1280℃

坯料：
瓷泥 100%

烧成气氛：
氧化 1280℃

坯料：
二青土 80%
黄土 20%

烧成气氛：
氧化 1280℃

坯料：
宜兴缸料 100%

	原始基础釉						添加料
	钾长石	石英	高岭土	石灰石	滑石	氧化锌	氧化钴
1	50	7	7	13	4	18	0.25
2	50	7	7	13	4	18	0.50
3	50	7	7	13	4	18	1.00
4	50	7	7	13	4	18	1.50

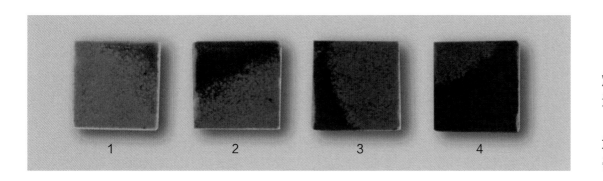

钴

烧成气氛：
还原 1280℃

坯料：
瓷泥 100%

烧成气氛：
还原 1280℃

坯料：
二青土 80%
黄土 20%

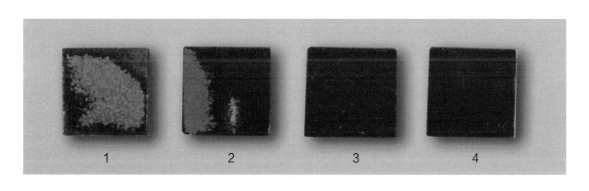

烧成气氛：
还原 1280℃

坯料：
宜兴缸料 100%

	原始基础釉						添加料
	钾长石	石英	高岭土	石灰石	滑石	氧化锌	氧化钴
1	50	7	7	13	4	18	0.25
2	50	7	7	13	4	18	0.50
3	50	7	7	13	4	18	1.00
4	50	7	7	13	4	18	1.50

钴

烧成气氛：
氧化 1300℃

坯料：
瓷泥 100%

烧成气氛：
氧化 1300℃

坯料：
二青土 80%
黄土 20%

烧成气氛：
氧化 1300℃

坯料：
宜兴缸料 100%

| | 原始基础釉 | | | | | | 添加料 |
	钾长石	石英	高岭土	石灰石	滑石	氧化锌	氧化钴
1	50	7	7	13	4	18	0.25
2	50	7	7	13	4	18	0.50
3	50	7	7	13	4	18	1.00
4	50	7	7	13	4	18	1.50

烧成气氛：
还原 1300℃

坯料：
瓷泥 100%

烧成气氛：
还原 1300℃

坯料：
二青土 80%
黄土 20%

烧成气氛：
还原 1300℃

坯料：
宜兴缸料 100%

钴

	原始基础釉						添加料
	钾长石	石英	高岭土	石灰石	滑石	氧化锌	氧化钴
1	50	7	7	13	4	18	0.25
2	50	7	7	13	4	18	0.50
3	50	7	7	13	4	18	1.00
4	50	7	7	13	4	18	1.50

钴

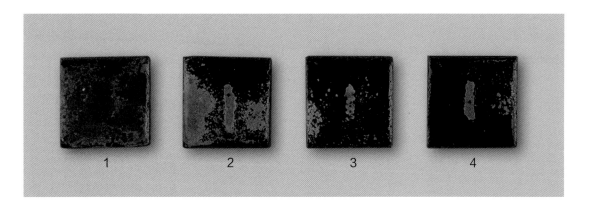

烧成气氛：
氧化 1260℃

坯料：
瓷泥 100%

	原始基础釉			添加料
	钾长石	石灰石	果木灰	氧化钴
1	60	25	15	0.1
2	60	25	15	0.2
3	60	25	15	0.3
4	60	25	15	0.4

烧成气氛：
氧化 1260℃

坯料：
二青土 80%
黄土 20%

	原始基础釉			添加料
	钾长石	石灰石	果木灰	氧化钴
1	60	25	15	0.1
2	60	25	15	0.2
3	60	25	15	0.3
4	60	25	15	0.4

钴

烧成气氛：
还原 1260℃

坯料：
瓷泥 100%

	原始基础釉			添加料
	钾长石	石灰石	果木灰	氧化钴
1	60	25	15	0.1
2	60	25	15	0.2
3	60	25	15	0.3
4	60	25	15	0.4
5	60	25	15	0.5

烧成气氛：
还原 1260℃

坯料：
二青土 80%
黄土 20%

	原始基础釉			添加料
	钾长石	石灰石	果木灰	氧化钴
1	60	25	15	0.1
2	60	25	15	0.2
3	60	25	15	0.4
4	60	25	15	0.6
5	60	25	15	0.8

钴

烧成气氛：
氧化 1280℃

坯料：
瓷泥 100%

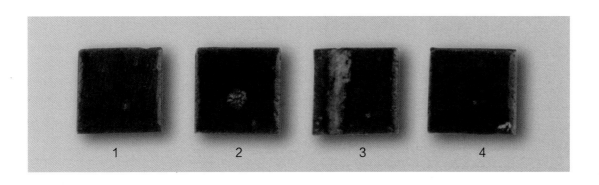

烧成气氛：
氧化 1280℃

坯料：
二青土 80%
黄土 20%

烧成气氛：
氧化 1280℃

坯料：
宜兴缸料 100%

| | 原始基础釉 | | | 添加料 |
	钾长石	石灰石	果木灰	氧化钴
1	60	25	15	0.1
2	60	25	15	0.2
3	60	25	15	0.3
4	60	25	15	0.4

烧成气氛：
还原 1280℃

坯料：
瓷泥 100%

钴

烧成气氛：
还原 1280℃

坯料：
二青土 80%
黄土 20%

烧成气氛：
还原 1280℃

坯料：
宜兴缸料 100%

	原始基础釉			添加料
	钾长石	石灰石	果木灰	氧化钴
1	60	25	15	0.1
2	60	25	15	0.2
3	60	25	15	0.3
4	60	25	15	0.4

钴

烧成气氛：
氧化 1280℃

坯料：
瓷泥 100%

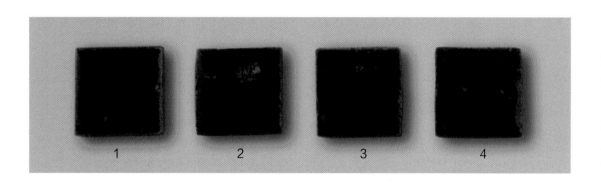

烧成气氛：
氧化 1280℃

坯料：
二青土 80%
黄土 20%

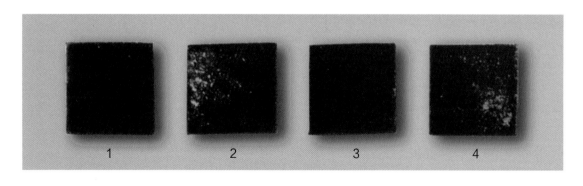

烧成气氛：
氧化 1280℃

坯料：
宜兴缸料 100%

	原始基础釉			添加料
	钾长石	石灰石	果木灰	氧化钴
1	60	25	15	0.5
2	60	25	15	1.0
3	60	25	15	2.0
4	60	25	15	4.0

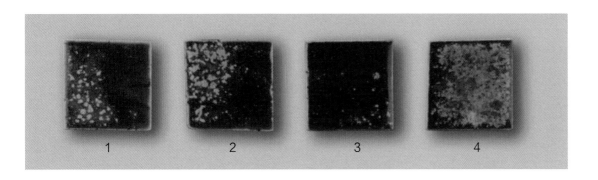

烧成气氛：
还原 1280℃

坯料：
瓷泥 100%

钴

烧成气氛：
还原 1280℃

坯料：
二青土 80%
黄土 20%

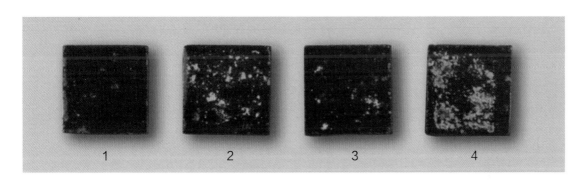

烧成气氛：
还原 1280℃

坯料：
宜兴缸料 100%

	原始基础釉			添加料
	钾长石	石灰石	果木灰	氧化钴
1	60	25	15	0.5
2	60	25	15	1.0
3	60	25	15	2.0
4	60	25	15	4.0

钴

烧成气氛：
氧化 1260℃

坯料：
二青土 80%
黄土 20%

	原始基础釉						添加料
	钾长石	高岭土	石英	石灰石	滑石	氧化锌	氧化钴
1	50	7	7	13	4	18	0.25
2	50	7	7	13	4	18	0.5
3	50	7	7	13	4	18	1
4	50	7	7	13	4	18	1.5

烧成气氛：
还原 1260℃

坯料：
瓷泥 100%

	原始基础釉						添加料
	长石	石灰石	石英	果木灰	稻草灰	高岭土	氧化钴
1	70	14	13	3			0.25
2	50	15	3	15		7	0.50
3	70	14	13		3		1.00
4	50	15	3		15	7	1.50

钴

烧成气氛：
还原 1300℃

坯料：
瓷泥 100%

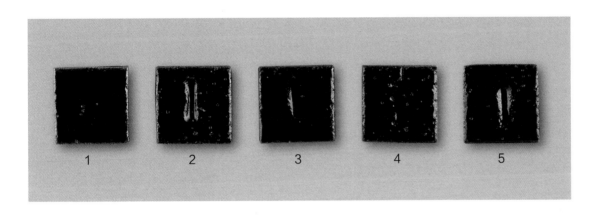

烧成气氛：
还原 1300℃

坯料：
二青土 80%
黄土 20%

	原始基础釉							添加料
	钾长石	高岭土	石英	石灰石	氧化锌	氧化铁	果木灰	氧化钴
1	42.5	15	23	16	2.2	1	10	0.1
2	42.5	15	23	16	2.2	1	10	0.2
3	42.5	15	23	16	2.2	1	10	0.3
4	42.5	15	23	16	2.2	1	10	0.4
5	42.5	15	23	16	2.2	1	10	0.5

5.2.3 铁

铁（Fe）对窑内烧成气氛反应敏感：还原烧成，
呈色范围从青白到黑不等；氧化烧成，呈色范围从黄
到褐或黑。

常见之氧化铁，多为 Fe_2O_3 和 FeO。Fe_2O_3 为红色，
FeO 为黑色。FeO 粒子较粗，烧成反应比 Fe_2O_3 强。
个别有人喜用 Fe_3O_4。

此处所用均为 Fe_2O_3。

铁

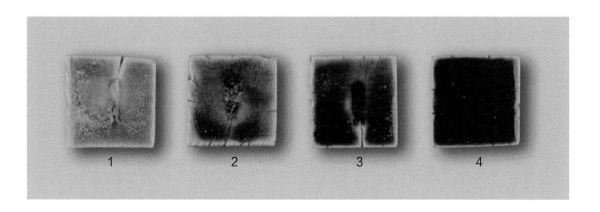

烧成气氛：
氧化 1260℃

坯料：
瓷泥 100%

	原始基础釉					添加料
	钾长石	石英	高岭土	果木灰	石灰石	氧化铁
1	40	20	10	25	5	1
2	40	20	10	25	5	2
3	40	20	10	25	5	3
4	40	20	10	25	5	4

烧成气氛：
还原 1260℃

坯料：
二青土 80%
黄土 20%

	原始基础釉					添加料
	钾长石	石英	高岭土	果木灰	石灰石	氧化铁
1	40	20	10	25	5	1
2	40	20	10	25	5	2
3	40	20	10	25	5	3
4	40	20	10	25	5	4

铁

烧成气氛：
氧化 1260℃

坯料：
瓷泥 100%

烧成气氛：
氧化 1260℃

坯料：
二青土 80%
黄土 20%

烧成气氛：
氧化 1260℃

坯料：
宜兴缸料 100%

	原始基础釉					添加料
	钾长石	石英	高岭土	果木灰	石灰石	氧化铁
1	40	25	10	20	5	1
2	40	25	10	20	5	2
3	40	25	10	20	5	3
4	40	25	10	20	5	4

烧成气氛：
还原 1260℃

坯料：
瓷泥 100%

烧成气氛：
还原 1260℃

坯料：
二青土 80%
黄土 20%

烧成气氛：
还原 1260℃

坯料：
宜兴缸料 100%

| | 原始基础釉 | | | | | 添加料 |
	钾长石	石英	高岭土	果木灰	石灰石	氧化铁
1	40	25	10	20	5	1
2	40	25	10	20	5	2
3	40	25	10	20	5	3
4	40	25	10	20	5	4

铁

烧成气氛：
氧化 1280℃

坯料：
瓷泥 100%

烧成气氛：
氧化 1280℃

坯料：
二青土 80%
黄土 20%

烧成气氛：
氧化 1280℃

坯料：
宜兴缸料 100%

	原始基础釉					添加料
	钾长石	石英	高岭土	果木灰	石灰石	氧化铁
1	40	25	10	20	5	1
2	40	25	10	20	5	2
3	40	25	10	20	5	3
4	40	25	10	20	5	4

铁

烧成气氛：
还原 1280℃

坯料：
瓷泥 100%

烧成气氛：
还原 1280℃

坯料：
二青土 80%
黄土 20%

烧成气氛：
还原 1280℃

坯料：
宜兴缸料 100%

| | 原始基础釉 | | | | | 添加料 |
	钾长石	石英	高岭土	果木灰	石灰石	氧化铁
1	40	25	10	20	5	1
2	40	25	10	20	5	2
3	40	25	10	20	5	3
4	40	25	10	20	5	4

铁

烧成气氛：
氧化 1260℃

坯料：
瓷泥 100%

	原始基础釉					添加料
	钾长石	石英	高岭土	石灰石	滑石	氧化铁
1	40	15	25	15	5	1
2	40	15	25	15	5	2
3	40	15	25	15	5	3

烧成气氛：
氧化 1260℃

坯料：
二青土 80%
黄土 20%

	原始基础釉					添加料
	钾长石	石英	高岭土	石灰石	滑石	氧化铁
1	40	15	25	15	5	1
2	40	15	25	15	5	2
3	40	15	25	15	5	3

铁

烧成气氛：
还原 1300℃

坯料：
瓷泥 100%

	原始基础釉					添加料
	钾长石	石英	高岭土	石灰石	滑石	氧化铁
1	40	15	25	15	5	1
2	40	15	25	15	5	2
3	40	15	25	15	5	3

烧成气氛：
还原 1300℃

坯料：
二青土 80%
黄土 20%

	原始基础釉					添加料
	钾长石	石英	高岭土	石灰石	滑石	氧化铁
1	40	15	25	15	5	1
2	40	15	25	15	5	2
3	40	15	25	15	5	3

铁

烧成气氛：
氧化 1260℃

坯料：
瓷泥 100%

| | 原始基础釉 | | | | | 添加料 |
	钾长石	石英	高岭土	石灰石	氧化锌	氧化铁
1	43	23.7	15.1	16.1	2.2	0.05
2	43	23.7	15.1	16.1	2.2	0.10
3	43	23.7	15.1	16.1	2.2	0.15
4	43	23.7	15.1	16.1	2.2	0.20
5	43	23.7	15.1	16.1	2.2	0.25
6	43	23.7	15.1	16.1	2.2	0.30
7	43	23.7	15.1	16.1	2.2	0.35
8	43	23.7	15.1	16.1	2.2	0.40
9	43	23.7	15.1	16.1	2.2	0.45
10	43	23.7	15.1	16.1	2.2	0.50

铁

烧成气氛：
还原 1260℃

坯料：
瓷泥 100%

	原始基础釉					添加料
	钾长石	石英	高岭土	石灰石	氧化锌	氧化铁
1	43	23.7	15.1	16.1	2.2	0.05
2	43	23.7	15.1	16.1	2.2	0.10
3	43	23.7	15.1	16.1	2.2	0.15
4	43	23.7	15.1	16.1	2.2	0.20
5	43	23.7	15.1	16.1	2.2	0.25
6	43	23.7	15.1	16.1	2.2	0.30
7	43	23.7	15.1	16.1	2.2	0.35
8	43	23.7	15.1	16.1	2.2	0.40
9	43	23.7	15.1	16.1	2.2	0.45
10	43	23.7	15.1	16.1	2.2	0.50
11	43	23.7	15.1	16.1	2.2	
12	43	23.7	15.1	16.1	2.2	0.025

铁

烧成气氛：
氧化 1260℃

坯料：
二青土 80%
黄土 20%

	原始基础釉					添加料
	钾长石	石英	高岭土	石灰石	氧化锌	氧化铁
1	43	23.7	15.1	16.1	2.2	0.05
2	43	23.7	15.1	16.1	2.2	0.10
3	43	23.7	15.1	16.1	2.2	0.15
4	43	23.7	15.1	16.1	2.2	0.20
5	43	23.7	15.1	16.1	2.2	0.25
6	43	23.7	15.1	16.1	2.2	0.30
7	43	23.7	15.1	16.1	2.2	0.35
8	43	23.7	15.1	16.1	2.2	0.40
9	43	23.7	15.1	16.1	2.2	0.45
10	43	23.7	15.1	16.1	2.2	0.50

烧成气氛：
还原 1260℃

坯料：
二青土 80%
黄土 20%

	原始基础釉					添加料
	钾长石	石英	高岭土	石灰石	氧化锌	氧化铁
1	43	23.7	15.1	16.1	2.2	0.05
2	43	23.7	15.1	16.1	2.2	0.10
3	43	23.7	15.1	16.1	2.2	0.15
4	43	23.7	15.1	16.1	2.2	0.20
5	43	23.7	15.1	16.1	2.2	0.25
6	43	23.7	15.1	16.1	2.2	0.30
7	43	23.7	15.1	16.1	2.2	0.35
8	43	23.7	15.1	16.1	2.2	0.40
9	43	23.7	15.1	16.1	2.2	0.45
10	43	23.7	15.1	16.1	2.2	0.50

铁

烧成气氛：
弱还原 1260℃

坯料：
瓷泥 100%

烧成气氛：
弱还原 1260℃

坯料：
二青土 80%
黄土 20%

	原始基础釉					添加料			
	钾长石	石英	高岭土	石灰石	氧化锌	氧化铁	果木灰	麦秸灰	杨木灰
1	43	24.2	15.1	16.1	2.2	0.5			
2	43	24.2	15.1	16.1	2.2	1.0			
3	43	24.2	15.1	16.1	2.2	1.5			
4	43	24.2	15.1	16.1	2.2	2.5			
5	43	24.2	15.1	16.1	2.2	0.5			
6	43	24.2	15.1	16.1	2.2	0.5	15		
7	43	24.2	15.1	16.1	2.2	0.5		15	
8	43	24.2	15.1	16.1	2.2	2.5			15

烧成气氛：
还原 1260℃

坯料：
瓷泥 100%

烧成气氛：
还原 1260℃

坯料：
二青土 80%
黄土 20%

铁

	原始基础釉					添加料			
	钾长石	石英	高岭土	石灰石	氧化锌	氧化铁	果木灰	麦秸灰	杨木灰
1	43	24.2	15.1	16.1	2.2	0.5			
2	43	24.2	15.1	16.1	2.2	1.0			
3	43	24.2	15.1	16.1	2.2	1.5			
4	43	24.2	15.1	16.1	2.2	2.0			
5	43	24.2	15.1	16.1	2.2	2.5			
6	43	24.2	15.1	16.1	2.2	0.5	15		
7	43	24.2	15.1	16.1	2.2	0.5		15	
8	43	24.2	15.1	16.1	2.2	0.5			15

铁

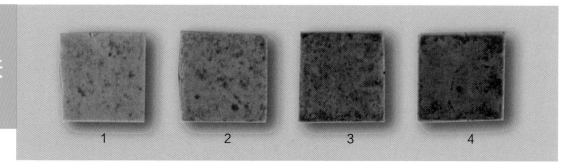

烧成气氛：
氧化 1260℃

坯料：
瓷泥 100%

烧成气氛：
氧化 1260℃

坯料：
二青土 80%
黄土 20%

烧成气氛：
氧化 1260℃

坯料：
宜兴缸料 100%

| | 原始基础釉 | | | 添加料 |
	钾长石	石灰石	果木灰	氧化铁
1	60	25	15	1
2	60	25	15	2
3	60	25	15	3
4	60	25	15	4

铁

烧成气氛：
还原 1260℃

坯料：
瓷泥 100%

烧成气氛：
还原 1260℃

坯料：
二青土 80%
黄土 20%

烧成气氛：
还原 1260℃

坯料：
宜兴缸料 100%

	原始基础釉			添加料
	钾长石	石灰石	果木灰	氧化铁
1	60	25	15	1
2	60	25	15	2
3	60	25	15	3
4	60	25	15	4

铁

烧成气氛：
氧化 1280℃

坯料：
瓷泥 100%

烧成气氛：
氧化 1280℃

坯料：
二青土 80%
黄土 20%

烧成气氛：
氧化 1280℃

坯料：
宜兴缸料 100%

| | 原始基础釉 | | | 添加料 |
	钾长石	石灰石	果木灰	氧化铁
1	60	25	15	1
2	60	25	15	2
3	60	25	15	3
4	60	25	15	4

铁

烧成气氛：
还原 1280℃

坯料：
瓷泥 100%

烧成气氛：
还原 1280℃

坯料：
二青土 80%
黄土 20%

烧成气氛：
还原 1280℃

坯料：
宜兴缸料 100%

	原始基础釉			添加料
	钾长石	石灰石	果木灰	氧化铁
1	60	25	15	1
2	60	25	15	2
3	60	25	15	3
4	60	25	15	4

铁

烧成气氛：
氧化 1300℃

坯料：
瓷泥 100%

烧成气氛：
氧化 1300℃

坯料：
二青土 80%
黄土 20%

烧成气氛：
氧化 1300℃

坯料：
宜兴缸料 100%

	原始基础釉			添加料
	钾长石	石灰石	果木灰	氧化铁
1	60	25	15	1
2	60	25	15	2
3	60	25	15	3
4	60	25	15	4

铁

烧成气氛：
还原 1300℃

坯料：
瓷泥 100%

烧成气氛：
还原 1300℃

坯料：
二青土 80%
黄土 20%

烧成气氛：
还原 1300℃

坯料：
宜兴缸料 100%

	原始基础釉			添加料
	钾长石	石灰石	果木灰	氧化铁
1	60	25	15	1
2	60	25	15	2
3	60	25	15	3
4	60	25	15	4

5.2.4　锰

锰（Mn）呈色丰富，主要为褐、紫、红、黑，但略
欠稳定。

从使用量与稳定性分析，褐色为多。

与铁适量混合，呈暗褐色，深沉而含蓄，颇具雅趣。

锰

烧成气氛：
氧化 1300℃

坯料：
宜兴缸料 100%

	原始基础釉						添加料	
	钾长石	石英	石灰石	氧化锌	氧化锡	氧化铜	氧化锰	果木灰
1	39	19	19	4	2	3	1	
2	39	19	19	4	2	3	2	
3	39	19	19	4	2	3	3	
4	39	19	19	4	2	3	4	
5	39	19	19	4	2	3	5	
6	39	19	19	4	2	3	6	
7	39	19	19	4	2	3	7	
8	39	19	19	4	2	3	8	
9	39	19	19	4	2	3	9	
10	39	19	19	4	2	3	10	
11	39	19	19	4	2	3	10	20
12	39	19	19	4	2	3	10	40

锰

烧成气氛：
氧化 1260℃

坯料：
二青土 80%
黄土 20%

	原始基础釉						添加料	
	钾长石	石英	石灰石	氧化锌	氧化锡	氧化铜	氧化锰	果木灰
1	39	19	19	4	2	3	0.05	
2	39	19	19	4	2	3	0.10	
3	39	19	19	4	2	3	0.15	
4	39	19	19	4	2	3	0.20	
5	39	19	19	4	2	3	0.25	
6	39	19	19	4	2	3	0.30	
7	39	19	19	4	2	3	0.35	
8	39	19	19	4	2	3	0.40	
9	39	19	19	4	2	3	0.45	
10	39	19	19	4	2	3	0.50	
11	39	19	19	4	2	3	0.50	20
12	39	19	19	4	2	3	0.50	40

锰

烧成气氛：
还原 1260℃

坯料：
二青土 80%
黄土 20%

	原始基础釉						添加料	
	钾长石	石英	石灰石	氧化锌	氧化锡	氧化铜	氧化锰	果木灰
1	39	19	19	4	2	3	0.05	
2	39	19	19	4	2	3	0.10	
3	39	19	19	4	2	3	0.15	
4	39	19	19	4	2	3	0.20	
5	39	19	19	4	2	3	0.25	
6	39	19	19	4	2	3	0.30	
7	39	19	19	4	2	3	0.35	
8	39	19	19	4	2	3	0.40	
9	39	19	19	4	2	3	0.45	
10	39	19	19	4	2	3	0.50	
11	39	19	19	4	2	3	0.50	20
12	39	19	19	4	2	3	0.50	40

锰

烧成气氛：
氧化 1260℃

坯料：
宜兴缸料 100%

	原始基础釉						添加料	
	钾长石	石英	石灰石	氧化锌	氧化锡	氧化铜	氧化锰	果木灰
1	39	19	19	4	2	3	0.05	
2	39	19	19	4	2	3	0.10	
3	39	19	19	4	2	3	0.15	
4	39	19	19	4	2	3	0.20	
5	39	19	19	4	2	3	0.25	
6	39	19	19	4	2	3	0.30	
7	39	19	19	4	2	3	0.35	
8	39	19	19	4	2	3	0.40	
9	39	19	19	4	2	3	0.45	
10	39	19	19	4	2	3	0.50	
11	39	19	19	4	2	3	0.50	20
12	39	19	19	4	2	3	0.50	40

锰

烧成气氛：
还原 1260℃

坯料：
宜兴缸料 100%

	原始基础釉						添加料	
	钾长石	石英	石灰石	氧化锌	氧化锡	氧化铜	氧化锰	果木灰
1	39	19	19	4	2	3	0.05	
2	39	19	19	4	2	3	0.10	
3	39	19	19	4	2	3	0.15	
4	39	19	19	4	2	3	0.20	
5	39	19	19	4	2	3	0.25	
6	39	19	19	4	2	3	0.30	
7	39	19	19	4	2	3	0.35	
8	39	19	19	4	2	3	0.40	
9	39	19	19	4	2	3	0.45	
10	39	19	19	4	2	3	0.50	
11	39	19	19	4	2	3	0.50	20
12	39	19	19	4	2	3	0.50	40

锰

烧成气氛：
氧化 1260℃

坯料：
二青土 80%
黄土 20%

	原始基础釉						添加料
	钾长石	石英	石灰石	氧化锌	氧化锡	氧化铜	氧化锰
1	39	19	19	4	2	3	0.05
2	39	19	19	4	2	3	0.10
3	39	19	19	4	2	3	0.15
4	39	19	19	4	2	3	0.20
5	39	19	19	4	2	3	0.25
6	39	19	19	4	2	3	0.30
7	39	19	19	4	2	3	0.35
8	39	19	19	4	2	3	0.40
9	39	19	19	4	2	3	0.45
10	39	19	19	4	2	3	0.50

锰

烧成气氛：
还原 1260℃

坯料：
瓷泥 100%

	原始基础釉						添加料
	钾长石	石英	石灰石	氧化锌	氧化锡	氧化铜	氧化锰
1	39	19	19	4	2	3	1
2	39	19	19	4	2	3	2
3	39	19	19	4	2	3	3
4	39	19	19	4	2	3	4
5	39	19	19	4	2	3	5
6	39	19	19	4	2	3	6
7	39	19	19	4	2	3	7
8	39	19	19	4	2	3	8
9	39	19	19	4	2	3	9
10	39	19	19	4	2	3	10

锰

烧成气氛：
氧化 1260℃

坯料：
瓷泥 100%

	原始基础釉						添加料	
	钾长石	石英	石灰石	氧化锌	氧化锡	氧化铜	氧化锰	果木灰
1	39	19	19	4	2	3	0.05	
2	39	19	19	4	2	3	0.10	
3	39	19	19	4	2	3	0.15	
4	39	19	19	4	2	3	0.20	
5	39	19	19	4	2	3	0.25	
6	39	19	19	4	2	3	0.30	
7	39	19	19	4	2	3	0.35	
8	39	19	19	4	2	3	0.40	
9	39	19	19	4	2	3	0.45	
10	39	19	19	4	2	3	0.50	
11	39	19	19	4	2	3	0.50	10
12	39	19	19	4	2	3	0.50	20

烧成气氛：
还原 1260℃

坯料：
瓷泥 100%

	原始基础釉						添加料	
	钾长石	石英	石灰石	氧化锌	氧化锡	氧化铜	氧化锰	果木灰
1	39	19	19	4	2	3	1	5
2	39	19	19	4	2	3	2	5
3	39	19	19	4	2	3	3	5
4	39	19	19	4	2	3	4	5
5	39	19	19	4	2	3	5	5
6	39	19	19	4	2	3	6	5
7	39	19	19	4	2	3	7	5
8	39	19	19	4	2	3	8	5
9	39	19	19	4	2	3	9	5
10	39	19	19	4	2	3	10	5
11	39	19	19	4	2	3	10	25
12	39	19	19	4	2	3	10	45

锰

烧成气氛：
氧化 1260℃

坯料：
二青土 80%
黄土 20%

	原始基础釉						添加料	
	钾长石	石英	石灰石	氧化锌	氧化锡	氧化铜	氧化锰	果木灰
1	39	19	19	4	2	3	1	
2	39	19	19	4	2	3	2	
3	39	19	19	4	2	3	3	
4	39	19	19	4	2	3	4	
5	39	19	19	4	2	3	5	
6	39	19	19	4	2	3	6	
7	39	19	19	4	2	3	7	
8	39	19	19	4	2	3	8	
9	39	19	19	4	2	3	9	
10	39	19	19	4	2	3	10	
11	39	19	19	4	2	3	10	20
12	39	19	19	4	2	3	10	40

锰

烧成气氛：
还原 1260℃

坯料：
二青土 80%
黄土 20%

| | 原始基础釉 | | | | | | 添加料 | |
	钾长石	石英	石灰石	氧化锌	氧化锡	氧化铜	氧化锰	果木灰
1	39	19	19	4	2	3	1	
2	39	19	19	4	2	3	2	
3	39	19	19	4	2	3	3	
4	39	19	19	4	2	3	4	
5	39	19	19	4	2	3	5	
6	39	19	19	4	2	3	6	
7	39	19	19	4	2	3	7	
8	39	19	19	4	2	3	8	
9	39	19	19	4	2	3	9	
10	39	19	19	4	2	3	10	
11	39	19	19	4	2	3	10	20
12	39	19	19	4	2	3	10	40

锰

烧成气氛：
氧化 1280℃

坯料：
瓷泥 100%

	原始基础釉						添加料	
	钾长石	石英	石灰石	氧化锌	氧化锡	氧化铜	氧化锰	果木灰
1	39	19	19	4	2	3	1	
2	39	19	19	4	2	3	2	
3	39	19	19	4	2	3	3	
4	39	19	19	4	2	3	4	
5	39	19	19	4	2	3	5	
6	39	19	19	4	2	3	6	
7	39	19	19	4	2	3	7	
8	39	19	19	4	2	3	8	
9	39	19	19	4	2	3	9	
10	39	19	19	4	2	3	10	
11	39	19	19	4	2	3	10	20
12	39	19	19	4	2	3	10	40

锰

烧成气氛:
还原 1280℃

坯料:
瓷泥 100%

	原始基础釉						添加料	
	钾长石	石英	石灰石	氧化锌	氧化锡	氧化铜	氧化锰	果木灰
1	39	19	19	4	2	3	1	
2	39	19	19	4	2	3	2	
3	39	19	19	4	2	3	3	
4	39	19	19	4	2	3	4	
5	39	19	19	4	2	3	5	
6	39	19	19	4	2	3	6	
7	39	19	19	4	2	3	7	
8	39	19	19	4	2	3	8	
9	39	19	19	4	2	3	9	
10	39	19	19	4	2	3	10	
11	39	19	19	4	2	3	10	20
12	39	19	19	4	2	3	10	40

锰

烧成气氛：
氧化 1280℃

坯料：
二青土 80%
黄土 20%

	原始基础釉						添加料	
	钾长石	石英	石灰石	氧化锌	氧化锡	氧化铜	氧化锰	果木灰
1	39	19	19	4	2	3	1	
2	39	19	19	4	2	3	2	
3	39	19	19	4	2	3	3	
4	39	19	19	4	2	3	4	
5	39	19	19	4	2	3	5	
6	39	19	19	4	2	3	6	
7	39	19	19	4	2	3	7	
8	39	19	19	4	2	3	8	
9	39	19	19	4	2	3	9	
10	39	19	19	4	2	3	10	
11	39	19	19	4	2	3	10	20
12	39	19	19	4	2	3	10	40

锰

烧成气氛：
还原 1280℃

坯料：
二青土 80%
黄土 20%

	原始基础釉						添加料	
	钾长石	石英	石灰石	氧化锌	氧化锡	氧化铜	氧化锰	果木灰
1	39	19	19	4	2	3	1	
2	39	19	19	4	2	3	2	
3	39	19	19	4	2	3	3	
4	39	19	19	4	2	3	4	
5	39	19	19	4	2	3	5	
6	39	19	19	4	2	3	6	
7	39	19	19	4	2	3	7	
8	39	19	19	4	2	3	8	
9	39	19	19	4	2	3	9	
10	39	19	19	4	2	3	10	
11	39	19	19	4	2	3	10	20
12	39	19	19	4	2	3	10	40

锰

烧成气氛：
氧化 1280℃

坯料：
宜兴缸料 100%

	原始基础釉						添加料	
	钾长石	石英	石灰石	氧化锌	氧化锡	氧化铜	氧化锰	果木灰
1	39	19	19	4	2	3	1	
2	39	19	19	4	2	3	2	
3	39	19	19	4	2	3	3	
4	39	19	19	4	2	3	4	
5	39	19	19	4	2	3	5	
6	39	19	19	4	2	3	6	
7	39	19	19	4	2	3	7	
8	39	19	19	4	2	3	8	
9	39	19	19	4	2	3	9	
10	39	19	19	4	2	3	10	
11	39	19	19	4	2	3	10	20
12	39	19	19	4	2	3	10	40

锰

烧成气氛:
还原 1280℃

坯料:
宜兴缸料 100%

	原始基础釉						添加料	
	钾长石	石英	石灰石	氧化锌	氧化锡	氧化铜	氧化锰	果木灰
1	39	19	19	4	2	3	1	
2	39	19	19	4	2	3	2	
3	39	19	19	4	2	3	3	
4	39	19	19	4	2	3	4	
5	39	19	19	4	2	3	5	
6	39	19	19	4	2	3	6	
7	39	19	19	4	2	3	7	
8	39	19	19	4	2	3	8	
9	39	19	19	4	2	3	9	
10	39	19	19	4	2	3	10	
11	39	19	19	4	2	3	10	20
12	39	19	19	4	2	3	10	40

锰

烧成气氛：
氧化 1300℃

坯料：
瓷泥 100%

	原始基础釉						添加料	
	钾长石	石英	石灰石	氧化锌	氧化锡	氧化铜	氧化锰	果木灰
1	39	19	19	4	2	3	1	
2	39	19	19	4	2	3	2	
3	39	19	19	4	2	3	3	
4	39	19	19	4	2	3	4	
5	39	19	19	4	2	3	5	
6	39	19	19	4	2	3	6	
7	39	19	19	4	2	3	7	
8	39	19	19	4	2	3	8	
9	39	19	19	4	2	3	9	
10	39	19	19	4	2	3	10	
11	39	19	19	4	2	3	10	20
12	39	19	19	4	2	3	10	40

烧成气氛：
还原 1300℃

坯料：
瓷泥 100%

	原始基础釉						添加料	
	钾长石	石英	石灰石	氧化锌	氧化锡	氧化铜	氧化锰	果木灰
1	39	19	19	4	2	3	1	
2	39	19	19	4	2	3	2	
3	39	19	19	4	2	3	3	
4	39	19	19	4	2	3	4	
5	39	19	19	4	2	3	5	
6	39	19	19	4	2	3	6	
7	39	19	19	4	2	3	7	
8	39	19	19	4	2	3	8	
9	39	19	19	4	2	3	9	
10	39	19	19	4	2	3	10	
11	39	19	19	4	2	3	10	20
12	39	19	19	4	2	3	10	40

锰

1 2 3 4

5 6 7 8

9 10

烧成气氛：
氧化 1260℃

坯料：
瓷泥 100%

	原始基础釉					添加料
	钾长石	高岭土	石英	石灰石	氧化钴	氧化锰
1	40	5	23	31	0.25	1
2	40	5	23	31	0.25	2
3	40	5	23	31	0.25	3
4	40	5	23	31	0.25	4
5	40	5	23	31	0.25	5
6	40	5	23	31	0.25	6
7	40	5	23	31	0.25	7
8	40	5	23	31	0.25	8
9	40	5	23	31	0.25	9
10	40	5	23	31	0.25	10

锰

烧成气氛：
还原 1260℃

坯料：
瓷泥 100%

	原始基础釉					添加料
	钾长石	高岭土	石英	石灰石	氧化钴	氧化锰
1	40	5	23	31	0.25	1
2	40	5	23	31	0.25	2
3	40	5	23	31	0.25	3
4	40	5	23	31	0.25	4
5	40	5	23	31	0.25	5
6	40	5	23	31	0.25	6
7	40	5	23	31	0.25	7
8	40	5	23	31	0.25	8
9	40	5	23	31	0.25	9
10	40	5	23	31	0.25	10
11	40	5	23	31	0.25	11
12	40	5	23	31	0.25	12

锰

烧成气氛:
氧化 1260℃

坯料:
瓷泥 100%

	原始基础釉					添加料
	钾长石	高岭土	石英	石灰石	氧化钴	氧化锰
1	40	5	23	31	0.5	1
2	40	5	23	31	0.5	2
3	40	5	23	31	0.5	3
4	40	5	23	31	0.5	4
5	40	5	23	31	0.5	5
6	40	5	23	31	0.5	6
7	40	5	23	31	0.5	7
8	40	5	23	31	0.5	8
9	40	5	23	31	0.5	9
10	40	5	23	31	0.5	10
11	40	5	23	31	0.5	11
12	40	5	23	31	0.5	12

烧成气氛：
还原 1260℃

坯料：
瓷泥 100%

	原始基础釉					添加料
	钾长石	高岭土	石英	石灰石	氧化钴	氧化锰
1	40	5	23	31	0.5	1
2	40	5	23	31	0.5	2
3	40	5	23	31	0.5	3
4	40	5	23	31	0.5	4
5	40	5	23	31	0.5	5
6	40	5	23	31	0.5	6
7	40	5	23	31	0.5	7
8	40	5	23	31	0.5	8
9	40	5	23	31	0.5	9
10	40	5	23	31	0.5	10
11	40	5	23	31	0.5	11
12	40	5	23	31	0.5	12

锰

烧成气氛：
氧化 1260℃

坯料：
二青土 80%
黄土 20%

| | 原始基础釉 | | | | | 添加料 |
	钾长石	高岭土	石英	石灰石	氧化钴	氧化锰
1	40	5	23	31	0.25	1
2	40	5	23	31	0.25	2
3	40	5	23	31	0.25	3
4	40	5	23	31	0.25	4
5	40	5	23	31	0.25	5
6	40	5	23	31	0.25	6
7	40	5	23	31	0.25	7
8	40	5	23	31	0.25	8
9	40	5	23	31	0.25	9
10	40	5	23	31	0.25	10

锰

烧成气氛：
还原 1260℃

坯料：
二青土 80%
黄土 20%

	原始基础釉					添加料		
	钾长石	高岭土	石英	石灰石	氧化钴	氧化锰	氧化锌	果木灰
1	40	5	23	31	0.25	1		
2	40	5	23	31	0.25	2		
3	40	5	23	31	0.25	3		
4	40	5	23	31	0.25	4		
5	40	5	23	31	0.25	5		
6	40	5	23	31	0.25	6		
7	40	5	23	31	0.25	7		
8	40	5	23	31	0.25	8		
9	40	5	23	31	0.25	9		
10	40	5	23	31	0.25	10		
11	40	5	23	31	0.25	10	15	
12	40	5	23	31	0.25	10		15

锰

1　2　3　4

5　6　7　8

9　10　11　12

烧成气氛：
氧化 1260℃

坯料：
宜兴缸料 100%

	原始基础釉					添加料
	钾长石	高岭土	石英	石灰石	氧化钴	氧化锰
1	40	5	23	31	0.25	1
2	40	5	23	31	0.25	2
3	40	5	23	31	0.25	3
4	40	5	23	31	0.25	4
5	40	5	23	31	0.25	5
6	40	5	23	31	0.25	6
7	40	5	23	31	0.25	7
8	40	5	23	31	0.25	8
9	40	5	23	31	0.25	9
10	40	5	23	31	0.25	10
11	40	5	23	31	0.25	11
12	40	5	23	31	0.25	12

烧成气氛：
还原 1260℃

坯料：
宜兴缸料 100%

	原始基础釉					添加料
	钾长石	高岭土	石英	石灰石	氧化钴	氧化锰
1	40	5	23	31	0.25	1
2	40	5	23	31	0.25	2
3	40	5	23	31	0.25	3
4	40	5	23	31	0.25	4
5	40	5	23	31	0.25	5
6	40	5	23	31	0.25	6
7	40	5	23	31	0.25	7
8	40	5	23	31	0.25	8
9	40	5	23	31	0.25	9
10	40	5	23	31	0.25	10
11	40	5	23	31	0.25	11
12	40	5	23	31	0.25	12

锰

烧成气氛：
氧化 1280℃

坯料：
瓷泥 100%

	原始基础釉					添加料
	钾长石	高岭土	石英	石灰石	氧化钴	氧化锰
1	40	5	23	31	0.25	1
2	40	5	23	31	0.25	2
3	40	5	23	31	0.25	3
4	40	5	23	31	0.25	4
5	40	5	23	31	0.25	5
6	40	5	23	31	0.25	6
7	40	5	23	31	0.25	7
8	40	5	23	31	0.25	8
9	40	5	23	31	0.25	9
10	40	5	23	31	0.25	10
11	40	5	23	31	0.25	11
12	40	5	23	31	0.25	12

锰

烧成气氛：
还原 1280℃

坯料：
瓷泥 100%

	原始基础釉					添加料
	钾长石	高岭土	石英	石灰石	氧化钴	氧化锰
1	40	5	23	31	0.25	1
2	40	5	23	31	0.25	2
3	40	5	23	31	0.25	3
4	40	5	23	31	0.25	4
5	40	5	23	31	0.25	5
6	40	5	23	31	0.25	6
7	40	5	23	31	0.25	7
8	40	5	23	31	0.25	8
9	40	5	23	31	0.25	9
10	40	5	23	31	0.25	10
11	40	5	23	31	0.25	11
12	40	5	23	31	0.25	12

锰

烧成气氛：
氧化 1280℃

坯料：
二青土 80%
黄土 20%

	原始基础釉					添加料
	钾长石	高岭土	石英	石灰石	氧化钴	氧化锰
1	40	5	23	31	0.25	1
2	40	5	23	31	0.25	2
3	40	5	23	31	0.25	3
4	40	5	23	31	0.25	4
5	40	5	23	31	0.25	5
6	40	5	23	31	0.25	6
7	40	5	23	31	0.25	7
8	40	5	23	31	0.25	8
9	40	5	23	31	0.25	9
10	40	5	23	31	0.25	10
11	40	5	23	31	0.25	11
12	40	5	23	31	0.25	12

烧成气氛：
还原 1280℃

坯料：
二青土 80%
黄土 20%

	原始基础釉					添加料
	钾长石	高岭土	石英	石灰石	氧化钴	氧化锰
1	40	5	23	31	0.25	1
2	40	5	23	31	0.25	2
3	40	5	23	31	0.25	3
4	40	5	23	31	0.25	4
5	40	5	23	31	0.25	5
6	40	5	23	31	0.25	6
7	40	5	23	31	0.25	7
8	40	5	23	31	0.25	8
9	40	5	23	31	0.25	9
10	40	5	23	31	0.25	10
11	40	5	23	31	0.25	11
12	40	5	23	31	0.25	12

锰

1 2 3 4
5 6 7 8
9 10 11 12

烧成气氛：
氧化 1300℃

坯料：
瓷泥 100%

| | 原始基础釉 | | | | | 添加料 |
	钾长石	高岭土	石英	石灰石	氧化钴	氧化锰
1	40	5	23	31	0.25	1
2	40	5	23	31	0.25	2
3	40	5	23	31	0.25	3
4	40	5	23	31	0.25	4
5	40	5	23	31	0.25	5
6	40	5	23	31	0.25	6
7	40	5	23	31	0.25	7
8	40	5	23	31	0.25	8
9	40	5	23	31	0.25	9
10	40	5	23	31	0.25	10
11	40	5	23	31	0.25	11
12	40	5	23	31	0.25	12

烧成气氛:
还原 1300℃

坯料:
瓷泥 100%

	原始基础釉					添加料
	钾长石	高岭土	石英	石灰石	氧化钴	氧化锰
1	40	5	23	31	0.25	1
2	40	5	23	31	0.25	2
3	40	5	23	31	0.25	3
4	40	5	23	31	0.25	4
5	40	5	23	31	0.25	5
6	40	5	23	31	0.25	6
7	40	5	23	31	0.25	7
8	40	5	23	31	0.25	8
9	40	5	23	31	0.25	9
10	40	5	23	31	0.25	10
11	40	5	23	31	0.25	11
12	40	5	23	31	0.25	12

锰

烧成气氛：
氧化 1300℃

坯料：
二青土 80%
黄土 20%

	原始基础釉					添加料
	钾长石	高岭土	石英	石灰石	氧化钴	氧化锰
1	40	5	23	31	0.25	1
2	40	5	23	31	0.25	2
3	40	5	23	31	0.25	3
4	40	5	23	31	0.25	4
5	40	5	23	31	0.25	5
6	40	5	23	31	0.25	6
7	40	5	23	31	0.25	7
8	40	5	23	31	0.25	8
9	40	5	23	31	0.25	9
10	40	5	23	31	0.25	10
11	40	5	23	31	0.25	11
12	40	5	23	31	0.25	12

锰

烧成气氛：
还原 1300℃

坯料：
二青土 80%
黄土 20%

	原始基础釉					添加料
	钾长石	高岭土	石英	石灰石	氧化钴	氧化锰
1	40	5	23	31	0.25	1
2	40	5	23	31	0.25	2
3	40	5	23	31	0.25	3
4	40	5	23	31	0.25	4
5	40	5	23	31	0.25	5
6	40	5	23	31	0.25	6
7	40	5	23	31	0.25	7
8	40	5	23	31	0.25	8
9	40	5	23	31	0.25	9
10	40	5	23	31	0.25	10
11	40	5	23	31	0.25	11
12	40	5	23	31	0.25	12

锰

烧成气氛：
氧化 1260℃

坯料：
瓷泥 100%

	原始基础釉					添加料
	钾长石	高岭土	石英	石灰石	氧化锌	氧化锰
1	43	15.1	23.7	16.1	2.2	0.05
2	43	15.1	23.7	16.1	2.2	0.10
3	43	15.1	23.7	16.1	2.2	0.15
4	43	15.1	23.7	16.1	2.2	0.20
5	43	15.1	23.7	16.1	2.2	0.25
6	43	15.1	23.7	16.1	2.2	0.30
7	43	15.1	23.7	16.1	2.2	0.35
8	43	15.1	23.7	16.1	2.2	0.40
9	43	15.1	23.7	16.1	2.2	0.45
10	43	15.1	23.7	16.1	2.2	0.50

锰

烧成气氛：
氧化 1260℃

坯料：
二青土 80%
黄土 20%

	原始基础釉					添加料
	钾长石	高岭土	石英	石灰石	氧化锌	氧化锰
1	43	15.1	23.7	16.1	2.2	0.05
2	43	15.1	23.7	16.1	2.2	0.10
3	43	15.1	23.7	16.1	2.2	0.15
4	43	15.1	23.7	16.1	2.2	0.20
5	43	15.1	23.7	16.1	2.2	0.25
6	43	15.1	23.7	16.1	2.2	0.30
7	43	15.1	23.7	16.1	2.2	0.35
8	43	15.1	23.7	16.1	2.2	0.40
9	43	15.1	23.7	16.1	2.2	0.45
10	43	15.1	23.7	16.1	2.2	0.50
11	43	15.1	23.7	16.1	2.2	1.00
12	43	15.1	23.7	16.1	2.2	2.00

锰

烧成气氛：
氧化 1260℃

坯料：
二青土 80%
黄土 20%

	原始基础釉					添加料
	钾长石	石英	石灰石	骨灰	氧化铁	氧化锰
1	65	10	10	7	8	0.1
2	65	10	10	7	8	0.2
3	65	10	10	7	8	0.3
4	65	10	10	7	8	0.4
5	65	10	10	7	8	0.5
6	65	10	10	7	8	0.6
7	65	10	10	7	8	0.7
8	65	10	10	7	8	0.8
9	65	10	10	7	8	0.9
10	65	10	10	7	8	1.0
11	65	10	10	7	8	2.0
12	65	10	10	7	8	3.0

锰

烧成气氛:
还原 1260℃

坯料:
二青土 80%
黄土 20%

	原始基础釉					添加料	
	钾长石	石英	石灰石	骨灰	氧化铁	氧化锰	果木灰
1	65	10	10	7	8	1	
2	65	10	10	7	8	2	
3	65	10	10	7	8	3	
4	65	10	10	7	8	4	
5	65	10	10	7	8	5	
6	65	10	10	7	8	6	
7	65	10	10	7	8	7	
8	65	10	10	7	8	8	
9	65	10	10	7	8	9	
10	65	10	10	7	8		50
11	65	10	10	7	8	1	50
12	65	10	10	7			

锰

烧成气氛：
还原 1300℃

坯料：
宜兴缸料 100%

	原始基础釉						添加料	
	钾长石	石英	石灰石	氧化锌	氧化锡	氧化铜	氧化锰	果木灰
1	39	19	19	4	2	3	1	
2	39	19	19	4	2	3	2	
3	39	19	19	4	2	3	3	
4	39	19	19	4	2	3	4	
5	39	19	19	4	2	3	5	
6	39	19	19	4	2	3	6	
7	39	19	19	4	2	3	7	
8	39	19	19	4	2	3	8	
9	39	19	19	4	2	3	9	
10	39	19	19	4	2	3	10	
11	39	19	19	4	2	3	10	20
12	39	19	19	4	2	3	10	40

5.2.5　铬

铬（Cr）主要呈绿色，熔点高，不宜过量使用，最多不要超过2%～3%，一般含量以1%～1.5%为宜，过之易失透。

铬

烧成气氛:
氧化 1260℃

坯料:
瓷泥 100%

烧成气氛:
还原 1260℃

坯料:
瓷泥 100%

	原始基础釉					添加料
	钾长石	石英	高岭土	石灰石	氧化钴	氧化铬
1	40	25	5	31	0.25	5
2	40	25	5	31	0.25	6
3	40	25	5	31	0.25	7
4	40	25	5	31	0.25	8
5	40	25	5	31	0.25	9
6	40	25	5	31	0.25	10

铬

烧成气氛：
氧化 1260℃

坯料：
宜兴缸料 100%

烧成气氛：
还原 1260℃

坯料：
宜兴缸料 100%

	原始基础釉					添加料
	钾长石	石英	高岭土	石灰石	氧化钴	碳酸铬
1	40	23	5	31	0.25	3
2	40	23	5	31	0.25	4
3	40	23	5	31	0.25	5
4	40	23	5	31	0.25	6
5	40	23	5	31	0.25	7
6	40	23	5	31	0.25	8
7	40	23	5	31	0.25	9
8	40	23	5	31	0.25	10

铬

1　　2　　3　　4

5　　6　　7　　8

9　　10　　11　　12

烧成气氛：
氧化 1260℃

坯料：
瓷泥 100%

	原始基础釉					添加料	
	钾长石	高岭土	石英	石灰石	氧化钴	氧化铬	氧化锌
1	40	5	23	31	0.25	3	
2	40	5	23	31	0.25	4	
3	40	5	23	31	0.25	5	
4	40	5	23	31	0.25	6	
5	40	5	23	31	0.25	7	
6	40	5	23	31	0.25	8	
7	40	5	23	31	0.25	9	
8	40	5	23	31	0.25	10	
9	40	5	23	31	0.25	3	10
10	40	5	23	31	0.25	4	10
11	40	5	23	31	0.25	5	10
12	40	5	23	31	0.25	6	10

铬

烧成气氛：
氧化 1280℃

坯料：
瓷泥 100%

	原始基础釉					添加料	
	钾长石	高岭土	石英	石灰石	氧化钴	氧化铬	氧化锌
1	40	5	23	31	0.25	3	
2	40	5	23	31	0.25	4	
3	40	5	23	31	0.25	5	
4	40	5	23	31	0.25	6	
5	40	5	23	31	0.25	7	
6	40	5	23	31	0.25	8	
7	40	5	23	31	0.25	9	
8	40	5	23	31	0.25	10	
9	40	5	23	31	0.25	3	10
10	40	5	23	31	0.25	4	10
11	40	5	23	31	0.25	5	10
12	40	5	23	31	0.25	6	10

铬

烧成气氛：
氧化 1260℃

坯料：
二青土 80%
黄土 20%

	原始基础釉					添加料	
	钾长石	高岭土	石英	石灰石	氧化钴	氧化铬	氧化锌
1	40	5	23	31	0.25	3	
2	40	5	23	31	0.25	4	
3	40	5	23	31	0.25	5	
4	40	5	23	31	0.25	6	
5	40	5	23	31	0.25	7	
6	40	5	23	31	0.25	8	
7	40	5	23	31	0.25	9	
8	40	5	23	31	0.25	10	
9	40	5	23	31	0.25	3	10
10	40	5	23	31	0.25	4	10
11	40	5	23	31	0.25	5	10
12	40	5	23	31	0.25	6	10

烧成气氛：
还原 1280℃

坯料：
二青土 80%
黄土 20%

	原始基础釉					添加料	
	钾长石	高岭土	石英	石灰石	氧化钴	氧化铬	氧化锌
1	40	5	23	31	0.25	3	
2	40	5	23	31	0.25	4	
3	40	5	23	31	0.25	5	
4	40	5	23	31	0.25	6	
5	40	5	23	31	0.25	7	
6	40	5	23	31	0.25	8	
7	40	5	23	31	0.25	9	
8	40	5	23	31	0.25	10	
9	40	5	23	31	0.25	3	10
10	40	5	23	31	0.25	4	10
11	40	5	23	31	0.25	5	10
12	40	5	23	31	0.25	6	10

铬

1　2　3　4

5　6　7　8

9　10　11　12

烧成气氛：
氧化 1260℃

坯料：
瓷泥 100%

	原始基础釉							添加料
	钾长石	高岭土	石英	石灰石	滑石	氧化锌	氧化钴	氧化铬
1	50	7	7	13	4	18	0.25	5
2	50	7	7	13	4	18	0.25	6
3	50	7	7	13	4	18	0.25	7
4	50	7	7	13	4	18	0.25	8
5	50	7	7	13	4	18	0.25	9
6	50	7	7	13	4	18	0.25	10
7	50	7	7	13	4	18	0.50	5
8	50	7	7	13	4	18	0.50	6
9	50	7	7	13	4	18	0.50	7
10	50	7	7	13	4	18	0.50	8
11	50	7	7	13	4	18	0.50	9
12	50	7	7	13	4	18	0.50	10

铬

烧成气氛:
还原 1260℃

坯料:
瓷泥 100%

	原始基础釉							添加料
	钾长石	高岭土	石英	石灰石	滑石	氧化锌	氧化钴	氧化铬
1	50	7	7	13	4	18	0.25	5
2	50	7	7	13	4	18	0.25	6
3	50	7	7	13	4	18	0.25	7
4	50	7	7	13	4	18	0.25	8
5	50	7	7	13	4	18	0.25	9
6	50	7	7	13	4	18	0.25	10
7	50	7	7	13	4	18	0.50	5
8	50	7	7	13	4	18	0.50	6
9	50	7	7	13	4	18	0.50	7
10	50	7	7	13	4	18	0.50	8
11	50	7	7	13	4	18	0.50	9
12	50	7	7	13	4	18	0.50	10

铬

烧成气氛：
氧化 1260℃

坯料：
二青土 80%
黄土 20%

	原始基础釉							添加料
	钾长石	高岭土	石英	石灰石	滑石	氧化锌	氧化钴	氧化铬
1	50	7	7	13	4	18	0.25	5
2	50	7	7	13	4	18	0.25	6
3	50	7	7	13	4	18	0.25	7
4	50	7	7	13	4	18	0.25	8
5	50	7	7	13	4	18	0.25	9
6	50	7	7	13	4	18	0.25	10
7	50	7	7	13	4	18	0.50	5
8	50	7	7	13	4	18	0.50	6
9	50	7	7	13	4	18	0.50	7
10	50	7	7	13	4	18	0.50	8
11	50	7	7	13	4	18	0.50	9
12	50	7	7	13	4	18	0.50	10

铬

烧成气氛：
还原 1260℃

坯料：
二青土 80%
黄土 20%

	原始基础釉							添加料
	钾长石	高岭土	石英	石灰石	滑石	氧化锌	氧化钴	氧化铬
1	50	7	7	13	4	18	0.25	5
2	50	7	7	13	4	18	0.25	6
3	50	7	7	13	4	18	0.25	7
4	50	7	7	13	4	18	0.25	8
5	50	7	7	13	4	18	0.25	9
6	50	7	7	13	4	18	0.25	10
7	50	7	7	13	4	18	0.50	5
8	50	7	7	13	4	18	0.50	6
9	50	7	7	13	4	18	0.50	7
10	50	7	7	13	4	18	0.50	8
11	50	7	7	13	4	18	0.50	9
12	50	7	7	13	4	18	0.50	10

铬

烧成气氛：
氧化 1300℃

坯料：
二青土 80%
黄土 20%

	原始基础釉							添加料
	钾长石	高岭土	石英	石灰石	滑石	氧化锌	氧化钴	氧化铬
1	50	7	7	13	4	18	0.25	5
2	50	7	7	13	4	18	0.25	6
3	50	7	7	13	4	18	0.25	7
4	50	7	7	13	4	18	0.25	8
5	50	7	7	13	4	18	0.25	9
6	50	7	7	13	4	18	0.25	10
7	50	7	7	13	4	18	0.50	5
8	50	7	7	13	4	18	0.50	6
9	50	7	7	13	4	18	0.50	7
10	50	7	7	13	4	18	0.50	8
11	50	7	7	13	4	18	0.50	9
12	50	7	7	13	4	18	0.50	10

铬

烧成气氛：
还原 1300℃

坯料：
二青土 80%
黄土 20%

	原始基础釉							添加料
	钾长石	高岭土	石英	石灰石	滑石	氧化锌	氧化钴	氧化铬
1	50	7	7	13	4	18	0.25	5
2	50	7	7	13	4	18	0.25	6
3	50	7	7	13	4	18	0.25	7
4	50	7	7	13	4	18	0.25	8
5	50	7	7	13	4	18	0.25	9
6	50	7	7	13	4	18	0.25	10
7	50	7	7	13	4	18	0.50	5
8	50	7	7	13	4	18	0.50	6
9	50	7	7	13	4	18	0.50	7
10	50	7	7	13	4	18	0.50	8
11	50	7	7	13	4	18	0.50	9
12	50	7	7	13	4	18	0.50	10

铬

1 2 3 4

5 6 7 8

9 10 11 12

烧成气氛：
氧化 1300℃

坯料：
宜兴缸料 100%

	原始基础釉							添加料
	钾长石	高岭土	石英	石灰石	滑石	氧化锌	氧化钴	氧化铬
1	50	7	7	13	4	18	0.25	5
2	50	7	7	13	4	18	0.25	6
3	50	7	7	13	4	18	0.25	7
4	50	7	7	13	4	18	0.25	8
5	50	7	7	13	4	18	0.25	9
6	50	7	7	13	4	18	0.25	10
7	50	7	7	13	4	18	0.50	5
8	50	7	7	13	4	18	0.50	6
9	50	7	7	13	4	18	0.50	7
10	50	7	7	13	4	18	0.50	8
11	50	7	7	13	4	18	0.50	9
12	50	7	7	13	4	18	0.50	10

5.2.6　综合

数种呈色金属比较。

综合

1　2　3　4

5　6　7　8

9　10　11　12

烧成气氛：
氧化 1260℃

坯料：
瓷泥 100%

	原始基础釉				添加料		
	钾长石	石英	高岭土	白云石	氧化钴	氧化锰	氧化铜
1	48	5	23	24	0.3		
2	48	5	23	24	0.6		
3	48	5	23	24	0.9		
4	48	5	23	24	1.2		
5	48	5	23	24		0.3	
6	48	5	23	24		0.6	
7	48	5	23	24		0.9	
8	48	5	23	24		1.2	
9	48	5	23	24			0.3
10	48	5	23	24			0.6
11	48	5	23	24			0.9
12	48	5	23	24			1.2

综合

烧成气氛：
还原 1260℃

坯料：
瓷泥 100%

	原始基础釉				添加料		
	钾长石	石英	高岭土	白云石	氧化钴	氧化锰	氧化铜
1	48	5	23	24	0.3		
2	48	5	23	24	0.6		
3	48	5	23	24	0.9		
4	48	5	23	24	1.2		
5	48	5	23	24		0.3	
6	48	5	23	24		0.6	
7	48	5	23	24		0.9	
8	48	5	23	24		1.2	
9	48	5	23	24			0.3
10	48	5	23	24			0.6
11	48	5	23	24			0.9
12	48	5	23	24			1.2

综合

			1		2		3		4

烧成气氛：
氧化 1260℃

坯料：
二青土 80%
黄土 20%

	原始基础釉				添加料		
	钾长石	石英	高岭土	白云石	氧化钴	氧化锰	氧化铜
1	48	5	23	24	0.3		
2	48	5	23	24	0.6		
3	48	5	23	24	0.9		
4	48	5	23	24	1.2		
5	48	5	23	24		0.3	
6	48	5	23	24		0.6	
7	48	5	23	24		0.9	
8	48	5	23	24		1.2	
9	48	5	23	24			0.3
10	48	5	23	24			0.6
11	48	5	23	24			0.9
12	48	5	23	24			1.2

综合

烧成气氛：
还原 1260℃

坯料：
二青土 80%
黄土 20%

	原始基础釉				添加料		
	钾长石	石英	高岭土	白云石	氧化钴	氧化锰	氧化铜
1	48	5	23	24	0.3		
2	48	5	23	24	0.6		
3	48	5	23	24	0.9		
4	48	5	23	24	1.2		
5	48	5	23	24		0.3	
6	48	5	23	24		0.6	
7	48	5	23	24		0.9	
8	48	5	23	24		1.2	
9	48	5	23	24			0.3
10	48	5	23	24			0.6
11	48	5	23	24			0.9
12	48	5	23	24			1.2

综合

烧成气氛：
氧化 1260℃

坯料：
宜兴缸料 100%

	原始基础釉				添加料		
	钾长石	石英	高岭土	白云石	氧化钴	氧化锰	氧化铜
1	48	5	23	24	0.3		
2	48	5	23	24	0.6		
3	48	5	23	24	0.9		
4	48	5	23	24	1.2		
5	48	5	23	24		0.3	
6	48	5	23	24		0.6	
7	48	5	23	24		0.9	
8	48	5	23	24		1.2	
9	48	5	23	24			0.3
10	48	5	23	24			0.6
11	48	5	23	24			0.9
12	48	5	23	24			1.2

综合

烧成气氛：
还原 1260℃

坯料：
宜兴缸料 100%

	原始基础釉				添加料		
	钾长石	石英	高岭土	白云石	氧化钴	氧化锰	氧化铜
1	48	5	23	24	0.3		
2	48	5	23	24	0.6		
3	48	5	23	24	0.9		
4	48	5	23	24	1.2		
5	48	5	23	24		0.3	
6	48	5	23	24		0.6	
7	48	5	23	24		0.9	
8	48	5	23	24		1.2	
9	48	5	23	24			0.3
10	48	5	23	24			0.6
11	48	5	23	24			0.9
12	48	5	23	24			1.2

烧成气氛：
氧化 1280℃

坯料：
瓷泥 100%

	原始基础釉				添加料		
	钾长石	石英	高岭土	白云石	氧化钴	氧化锰	氧化铜
1	48	5	23	24	0.3		
2	48	5	23	24	0.6		
3	48	5	23	24	0.9		
4	48	5	23	24	1.2		
5	48	5	23	24		0.3	
6	48	5	23	24		0.6	
7	48	5	23	24		0.9	
8	48	5	23	24		1.2	
9	48	5	23	24			0.3
10	48	5	23	24			0.6
11	48	5	23	24			0.9
12	48	5	23	24			1.2

综合

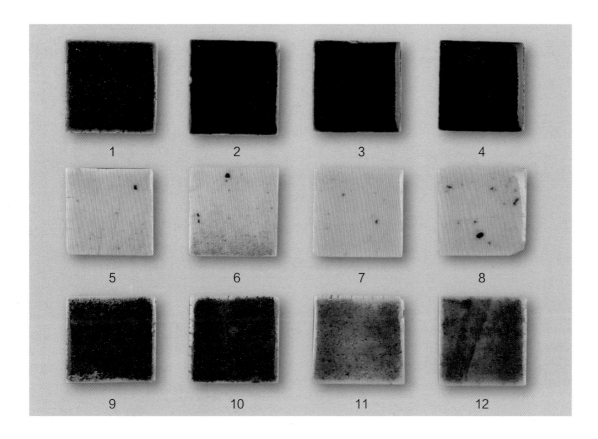

烧成气氛:
还原 1280℃

坯料:
瓷泥 100%

	原始基础釉				添加料		
	钾长石	石英	高岭土	白云石	氧化钴	氧化锰	氧化铜
1	48	5	23	24	0.3		
2	48	5	23	24	0.6		
3	48	5	23	24	0.9		
4	48	5	23	24	1.2		
5	48	5	23	24		0.3	
6	48	5	23	24		0.6	
7	48	5	23	24		0.9	
8	48	5	23	24		1.2	
9	48	5	23	24			0.3
10	48	5	23	24			0.6
11	48	5	23	24			0.9
12	48	5	23	24			1.2

综合

1　　2　　3　　4

5　　6　　7　　8

9　　10　　11　　12

烧成气氛：
氧化 1280℃

坯料：
宜兴缸料 100%

	原始基础釉				添加料		
	钾长石	石英	高岭土	白云石	氧化钴	氧化锰	氧化铜
1	48	5	23	24	0.3		
2	48	5	23	24	0.6		
3	48	5	23	24	0.9		
4	48	5	23	24	1.2		
5	48	5	23	24		0.3	
6	48	5	23	24		0.6	
7	48	5	23	24		0.9	
8	48	5	23	24		1.2	
9	48	5	23	24			0.3
10	48	5	23	24			0.6
11	48	5	23	24			0.9
12	48	5	23	24			1.2

综合

烧成气氛：
还原 1280℃

坯料：
宜兴缸料 100%

	原始基础釉				添加料		
	钾长石	石英	高岭土	白云石	氧化钴	氧化锰	氧化铜
1	48	5	23	24	0.3		
2	48	5	23	24	0.6		
3	48	5	23	24	0.9		
4	48	5	23	24	1.2		
5	48	5	23	24		0.3	
6	48	5	23	24		0.6	
7	48	5	23	24		0.9	
8	48	5	23	24		1.2	
9	48	5	23	24			0.3
10	48	5	23	24			0.6
11	48	5	23	24			0.9
12	48	5	23	24			1.2

综合

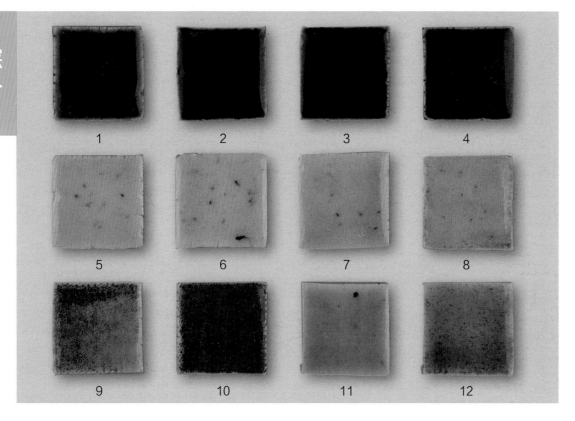

烧成气氛：
氧化 1300℃

坯料：
瓷泥 100%

	原始基础釉				添加料		
	钾长石	石英	高岭土	白云石	氧化钴	氧化锰	氧化铜
1	48	5	23	24	0.3		
2	48	5	23	24	0.6		
3	48	5	23	24	0.9		
4	48	5	23	24	1.2		
5	48	5	23	24		0.3	
6	48	5	23	24		0.6	
7	48	5	23	24		0.9	
8	48	5	23	24		1.2	
9	48	5	23	24			0.3
10	48	5	23	24			0.6
11	48	5	23	24			0.9
12	48	5	23	24			1.2

综合

烧成气氛：
还原 1300℃

坯料：
瓷泥 100%

	原始基础釉				添加料		
	钾长石	石英	高岭土	白云石	氧化钴	氧化锰	氧化铜
1	48	5	23	24	0.3		
2	48	5	23	24	0.6		
3	48	5	23	24	0.9		
4	48	5	23	24	1.2		
5	48	5	23	24		0.3	
6	48	5	23	24		0.6	
7	48	5	23	24		0.9	
8	48	5	23	24		1.2	
9	48	5	23	24			0.3
10	48	5	23	24			0.6
11	48	5	23	24			0.9
12	48	5	23	24			1.2

综合

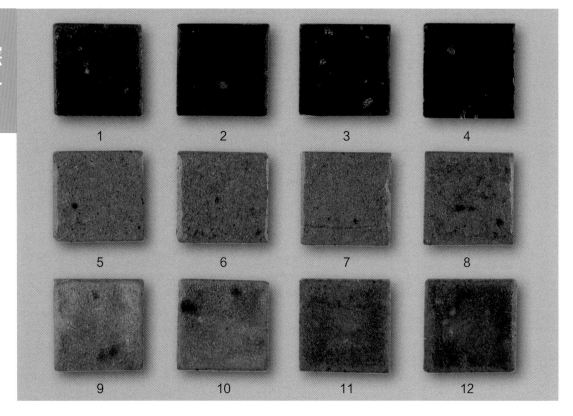

1　2　3　4

5　6　7　8

9　10　11　12

烧成气氛：
氧化 1280℃

坯料：
二青土 80%
黄土 20%

	原始基础釉				添加料		
	钾长石	石英	高岭土	白云石	氧化钴	氧化锰	氧化铜
1	48	5	23	24	0.3		
2	48	5	23	24	0.6		
3	48	5	23	24	0.9		
4	48	5	23	24	1.2		
5	48	5	23	24		0.3	
6	48	5	23	24		0.6	
7	48	5	23	24		0.9	
8	48	5	23	24		1.2	
9	48	5	23	24			0.3
10	48	5	23	24			0.6
11	48	5	23	24			0.9
12	48	5	23	24			1.2

综合

烧成气氛：
还原 1300℃

坯料：
二青土 80%
黄土 20%

	原始基础釉				添加料		
	钾长石	石英	高岭土	白云石	氧化钴	氧化锰	氧化铜
1	48	5	23	24	0.3		
2	48	5	23	24	0.6		
3	48	5	23	24	0.9		
4	48	5	23	24	1.2		
5	48	5	23	24		0.3	
6	48	5	23	24		0.6	
7	48	5	23	24		0.9	
8	48	5	23	24		1.2	
9	48	5	23	24			0.3
10	48	5	23	24			0.6
11	48	5	23	24			0.9
12	48	5	23	24			1.2

综合

烧成气氛:
氧化 1300℃

坯料:
宜兴缸料 100%

	原始基础釉				添加料		
	钾长石	石英	高岭土	白云石	氧化钴	氧化锰	氧化铜
1	48	5	23	24	0.3		
2	48	5	23	24	0.6		
3	48	5	23	24	0.9		
4	48	5	23	24	1.2		
5	48	5	23	24		0.3	
6	48	5	23	24		0.6	
7	48	5	23	24		0.9	
8	48	5	23	24		1.2	
9	48	5	23	24			0.3
10	48	5	23	24			0.6
11	48	5	23	24			0.9
12	48	5	23	24			1.2

综合

烧成气氛：
还原 1300℃

坯料：
宜兴缸料 100%

	原始基础釉				添加料		
	钾长石	石英	高岭土	白云石	氧化钴	氧化锰	氧化铜
1	48	5	23	24	0.3		
2	48	5	23	24	0.6		
3	48	5	23	24	0.9		
4	48	5	23	24	1.2		
5	48	5	23	24		0.3	
6	48	5	23	24		0.6	
7	48	5	23	24		0.9	
8	48	5	23	24		1.2	
9	48	5	23	24			0.3
10	48	5	23	24			0.6
11	48	5	23	24			0.9
12	48	5	23	24			1.2

综合

烧成气氛：
氧化 1260℃

坯料：
瓷泥 100%

烧成气氛：
氧化 1260℃

坯料：
二青土 80%
黄土 20%

	原始基础釉					添加料					
	钾长石	石英	石灰石	高岭土	骨灰	果木灰	氧化铁	氧化钴	氧化铜	氧化锡	碳酸铜
1	50	10	20	20	3	10	3				
2	50	10	20	20	3	10		0.25			
3	50	10	20	20	3	10			3		
4	50	10	20	20	3	10				3	
5	50	10	20	20	3	10					3
6	50	10	20	20	3	10					

综合

烧成气氛：
氧化 1260℃

坯料：
瓷泥 100%

烧成气氛：
氧化 1260℃

坯料：
二青土 80%
黄土 20%

	原始基础釉					添加料					
	钾长石	石英	石灰石	高岭土	骨灰	麦秸灰	氧化铁	氧化钴	氧化铜	氧化锡	碳酸铜
1	50	10	20	20	3	10	3				
2	50	10	20	20	3	10		0.25			
3	50	10	20	20	3	10			3		
4	50	10	20	20	3	10				3	
5	50	10	20	20	3	10					3
6	50	10	20	20	3	10					

综合

烧成气氛：
还原 1300℃

坯料：
瓷泥 100%

烧成气氛：
还原 1300℃

坯料：
二青土 80%
黄土 20%

	原始基础釉						添加料				
	钾长石	石英	石灰石	高岭土	骨灰	果木灰	氧化铁	氧化钴	氧化铜	氧化锡	碳酸铜
1	50	10	20	20	3	10	3				
2	50	10	20	20	3	10		0.25			
3	50	10	20	20	3	10			3		
4	50	10	20	20	3	10				3	
5	50	10	20	20	3	10					3
6	50	10	20	20	3	10					

烧成气氛：
还原 1300℃

坯料：
瓷泥 100%

烧成气氛：
还原 1300℃

坯料：
二青土 80%
黄土 20%

	原始基础釉					添加料					
	钾长石	石英	石灰石	高岭土	骨灰	麦秸灰	氧化铁	氧化钴	氧化铜	氧化锡	碳酸铜
1	50	10	20	20	3	10	3				
2	50	10	20	20	3	10		0.25			
3	50	10	20	20	3	10			3		
4	50	10	20	20	3	10				3	
5	50	10	20	20	3	10					3
6	50	10	20	20	3	10					

5.3　灰试验

灰分两种：一类为植物灰，一类为动物灰。

植物灰即草木灰，多含钙、硅、铝、镁、铁、锰等，釉质沉稳，色调自然。

动物灰即骨灰，多含磷酸，釉质柔和，时有乳浊效果出现，别具雅趣。

此处所用，均为草木灰。

5.3.1　草木灰比较

草木灰，植物灰烬。植物种类多，且根、茎、叶等不同部位成分也有差异，加上传统釉使用之草木灰常常是多种植物混杂于一起，故其化学成分难以简单析明。一般而言，草木灰含钙、硅、铝、镁、铁、锰及磷酸等物质。

此处所用草木灰均采自北方。果木灰，乃北京烤鸭店烧烤鸭子的木柴之灰烬；麦秸灰，采自陕西陈炉；其余采自河北平泉。

烧成气氛：
氧化 1260℃

坯料：
瓷泥 100%

烧成气氛：
还原 1260℃

坯料：
瓷泥 100%

	添加料							
	杨木灰	山草灰	果木灰	黍秸灰	麦秸灰	玉米秸灰	稻草灰	树叶灰
1	100							
2		100						
3			100					
4				100				
5					100			
6						100		
7							100	
8								100

草木灰比较

烧成气氛：
氧化 1260℃

坯料：
二青土 80%
黄土 20%

烧成气氛：
还原 1260℃

坯料：
二青土 80%
黄土 20%

	添加料							
	杨木灰	山草灰	果木灰	黍秸灰	麦秸灰	玉米秸灰	稻草灰	树叶灰
1	100							
2		100						
3			100					
4				100				
5					100			
6						100		
7							100	
8								100

草木灰比较

烧成气氛：
氧化 1260℃

坯料：
宜兴缸料 100%

烧成气氛：
还原 1260℃

坯料：
宜兴缸料 100%

	添加料							
	杨木灰	山草灰	果木灰	黍秸灰	麦秸灰	玉米秸灰	稻草灰	树叶灰
1	100							
2		100						
3			100					
4				100				
5					100			
6						100		
7							100	
8								100

5.3.2　稻草灰

此为稻草之灰烬。稻常于水中生长，收割后，农家常用以燃火，所燃之灰烬，为制釉良材。

此处所用稻草灰采自河北平泉。

稻草灰

1   2   3   4

5   6   7   8

9   10   11   12

烧成气氛：
还原 1260℃

坯料：
二青土 80%
黄土 20%

| | 原始基础釉 | | | | | 添加料 | |
	钾长石	石英	高岭土	石灰石	滑石	稻草灰	果木灰
1	36.9	27.2	16.5	15.5	3.9		
2	36.9	27.2	16.5	15.5	3.9	1	
3	36.9	27.2	16.5	15.5	3.9	2	
4	36.9	27.2	16.5	15.5	3.9	3	
5	36.9	27.2	16.5	15.5	3.9	4	
6	36.9	27.2	16.5	15.5	3.9	5	
7	36.9	27.2	16.5	15.5	3.9	6	
8	36.9	27.2	16.5	15.5	3.9	7	
9	36.9	27.2	16.5	15.5	3.9	8	
10	36.9	27.2	16.5	15.5	3.9	9	
11	36.9	27.2	16.5	15.5	3.9	10	
12							100

稻草灰

烧成气氛：
还原 1260℃

坯料：
宜兴缸料 100%

	原始基础釉					添加料	
	钾长石	石英	高岭土	石灰石	滑石	稻草灰	果木灰
1	36.9	27.2	16.5	15.5	3.9		
2	36.9	27.2	16.5	15.5	3.9	1	
3	36.9	27.2	16.5	15.5	3.9	2	
4	36.9	27.2	16.5	15.5	3.9	3	
5	36.9	27.2	16.5	15.5	3.9	4	
6	36.9	27.2	16.5	15.5	3.9	5	
7	36.9	27.2	16.5	15.5	3.9	6	
8	36.9	27.2	16.5	15.5	3.9	7	
9	36.9	27.2	16.5	15.5	3.9	8	
10	36.9	27.2	16.5	15.5	3.9	9	
11	36.9	27.2	16.5	15.5	3.9	10	
12							100

稻草灰

烧成气氛：
还原 1260℃

坯料：
瓷泥 100%

	原始基础釉						添加料	
	钾长石	石英	高岭土	石灰石	氧化铁	氧化锌	稻草灰	果木灰
1	42.5	23.3	15	16	1	2.2		
2	42.5	23.3	15	16	1	2.2	1	
3	42.5	23.3	15	16	1	2.2	2	
4	42.5	23.3	15	16	1	2.2	3	
5	42.5	23.3	15	16	1	2.2	4	
6	42.5	23.3	15	16	1	2.2	5	
7	42.5	23.3	15	16	1	2.2	6	
8	42.5	23.3	15	16	1	2.2	7	
9	42.5	23.3	15	16	1	2.2	8	
10	42.5	23.3	15	16	1	2.2	9	
11	42.5	23.3	15	16	1	2.2	10	
12	42.5	23.3	15	16	1	2.2		15

烧成气氛：
还原 1260℃

坯料：
二青土 80%
黄土 20%

	原始基础釉						添加料
	长石	石英	高岭土	石灰石	氧化铁	氧化锌	稻草灰
1	42.5	23.3	15	16	1	2.2	
2	42.5	23.3	15	16	1	2.2	1
3	42.5	23.3	15	16	1	2.2	2
4	42.5	23.3	15	16	1	2.2	3
5	42.5	23.3	15	16	1	2.2	4
6	42.5	23.3	15	16	1	2.2	5
7	42.5	23.3	15	16	1	2.2	6
8	42.5	23.3	15	16	1	2.2	7
9	42.5	23.3	15	16	1	2.2	8
10	42.5	23.3	15	16	1	2.2	9
11	42.5	23.3	15	16	1	2.2	10
12	42.5	23.3	15	16	1	2.2	50

烧成气氛：
还原 1300℃

坯料：
宜兴缸料 100%

	原始基础釉						添加料		
	钾长石	石英	高岭土	石灰石	氧化铁	氧化锌	稻草灰	果木灰	附注
1	42.5	23.3	15	16	1	2.2			
2	42.5	23.3	15	16	1	2.2	1		
3	42.5	23.3	15	16	1	2.2	2		
4	42.5	23.3	15	16	1	2.2	3		
5	42.5	23.3	15	16	1	2.2	4		
6	42.5	23.3	15	16	1	2.2	5		
7	42.5	23.3	15	16	1	2.2	6		
8	42.5	23.3	15	16	1	2.2	7		
9	42.5	23.3	15	16	1	2.2	8		
10	42.5	23.3	15	16	1	2.2	9		
11	42.5	23.3	15	16	1	2.2	10		
12	42.5	23.3	15	16	1	2.2		15	1260℃

稻草灰

烧成气氛：
还原 1260℃

坯料：
二青土 80%
黄土 20%

烧成气氛：
还原 1260℃

坯料：
瓷泥 100%

	原始基础釉					添加料	
	钾长石	石英	高岭土	石灰石	氧化锌	稻草灰	氧化铁
1	43	24.7	15.1	16.1	2.2	8	
2	43	24.7	15.1	16.1	2.2	9	
3	43	24.7	15.1	16.1	2.2	10	
4	43	24.7	15.1	16.1	2.2	11	
5	43	24.7	15.1	16.1	2.2	12	
6	43	24.7	15.1	16.1	2.2	12	0.01
7	43	24.7	15.1	16.1	2.2	12	0.02
8	43	24.7	15.1	16.1	2.2	12	0.03

5.3.3　玉米秸灰

　　玉米，中国北方主要农作物。秋收后摘去果实，农民用其秸秆生火做饭。燃后灰烬，可做制釉良材。

　　此处所用之灰，采自河北省平泉县长胜沟凤凰山下的山地中。用大缸放清水浸泡，经沉淀，除去杂物，晾干后使用。

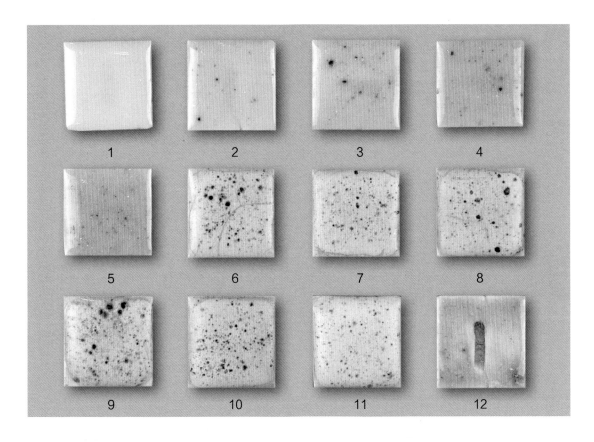

玉米秸灰

烧成气氛：
还原 1260℃

坯料：
瓷泥 100%

	原始基础釉					添加料
	钾长石	石英	高岭土	石灰石	滑石	玉米秸灰
1	36.9	27.2	16.5	15.5	3.9	
2	36.9	27.2	16.5	15.5	3.9	1
3	36.9	27.2	16.5	15.5	3.9	2
4	36.9	27.2	16.5	15.5	3.9	3
5	36.9	27.2	16.5	15.5	3.9	4
6	36.9	27.2	16.5	15.5	3.9	5
7	36.9	27.2	16.5	15.5	3.9	6
8	36.9	27.2	16.5	15.5	3.9	7
9	36.9	27.2	16.5	15.5	3.9	8
10	36.9	27.2	16.5	15.5	3.9	9
11	36.9	27.2	16.5	15.5	3.9	10
12						100

玉米秸灰

烧成气氛：
还原 1260℃

坯料：
二青土 80%
黄土 20%

	原始基础釉					添加料	
	钾长石	石英	高岭土	石灰石	滑石	玉米秸灰	果木灰
1	36.9	27.2	16.5	15.5	3.9		
2	36.9	27.2	16.5	15.5	3.9	1	
3	36.9	27.2	16.5	15.5	3.9	2	
4	36.9	27.2	16.5	15.5	3.9	3	
5	36.9	27.2	16.5	15.5	3.9	4	
6	36.9	27.2	16.5	15.5	3.9	5	
7	36.9	27.2	16.5	15.5	3.9	6	
8	36.9	27.2	16.5	15.5	3.9	7	
9	36.9	27.2	16.5	15.5	3.9	8	
10	36.9	27.2	16.5	15.5	3.9	9	
11	36.9	27.2	16.5	15.5	3.9	10	
12	36.9	27.2	16.5	15.5	3.9		50

玉米秸灰

烧成气氛:
还原 1260℃

坯料:
瓷泥 100%

	原始基础釉						添加料	
	钾长石	石英	高岭土	石灰石	氧化铁	氧化锌	玉米秸灰	果木灰
1	42.5	23	15	16	1	2.2		
2	42.5	23	15	16	1	2.2	1	
3	42.5	23	15	16	1	2.2	2	
4	42.5	23	15	16	1	2.2	3	
5	42.5	23	15	16	1	2.2	4	
6	42.5	23	15	16	1	2.2	5	
7	42.5	23	15	16	1	2.2	6	
8	42.5	23	15	16	1	2.2	7	
9	42.5	23	15	16	1	2.2	8	
10	42.5	23	15	16	1	2.2	9	
11	42.5	23	15	16	1	2.2	10	
12	42.5	23	15	16	1	2.2		15

玉米秸灰

烧成气氛：
还原 1260℃

坯料：
二青土 80%
黄土 20%

	原始基础釉						添加料	
	钾长石	石英	高岭土	石灰石	氧化铁	氧化锌	玉米秸灰	果木灰
1	42.5	23	15	16	1	2.2		
2	42.5	23	15	16	1	2.2	1	
3	42.5	23	15	16	1	2.2	2	
4	42.5	23	15	16	1	2.2	3	
5	42.5	23	15	16	1	2.2	4	
6	42.5	23	15	16	1	2.2	5	
7	42.5	23	15	16	1	2.2	6	
8	42.5	23	15	16	1	2.2	7	
9	42.5	23	15	16	1	2.2	8	
10	42.5	23	15	16	1	2.2	9	
11	42.5	23	15	16	1	2.2	10	
12	42.5	23	15	16	1	2.2		15

烧成气氛：
还原 1260℃

坯料：
二青土 80%
黄土 20%

	原始基础釉						添加料
	钾长石	石英	高岭土	石灰石	氧化铁	氧化锌	玉米秸灰
1	42.5	23.3	15	16	1	2.2	
2	42.5	23.3	15	16	1	2.2	1
3	42.5	23.3	15	16	1	2.2	2
4	42.5	23.3	15	16	1	2.2	3
5	42.5	23.3	15	16	1	2.2	4
6	42.5	23.3	15	16	1	2.2	5
7	42.5	23.3	15	16	1	2.2	6
8	42.5	23.3	15	16	1	2.2	7
9	42.5	23.3	15	16	1	2.2	8
10	42.5	23.3	15	16	1	2.2	9
11	42.5	23.3	15	16	1	2.2	10
12	42.5	23.3	15	16	1	2.2	50

5.3.4 果木灰

此处所用果木灰，乃近年北京地区烤鸭店烧烤鸭子的杏木之灰烬，均出自北京近郊。

果木灰

烧成气氛：
氧化 1260℃

坯料：
瓷泥 100%

烧成气氛：
氧化 1260℃

坯料：
二青土 80%
黄土 20%

	原始基础釉				添加料
	长石	石英	高岭土	石灰石	果木灰
1	70	13	7	15	5
2	70	13	7	15	10
3	70	13	7	15	15
4	70	13	7	15	20
5	70	13	7	15	5
6	70	13	7	15	10
7	70	13	7	15	15
8	70	13	7	15	20

果木灰

烧成气氛：
氧化 1260℃

坯料：
瓷泥 100%

烧成气氛：
还原 1260℃

坯料：
二青土 80%
黄土 20%

	原始基础釉								添加料
	钾长石	白云石	石英	高岭土	氧化锌	骨灰	氧化铁	氧化钛	果木灰
1	35.1	11.7	17.6	5.9	5.9	11.7	4.6	7.5	5
2	35.1	11.7	17.6	5.9	5.9	11.7	4.6	7.5	6
3	35.1	11.7	17.6	5.9	5.9	11.7	4.6	7.5	7
4	35.1	11.7	17.6	5.9	5.9	11.7	4.6	7.5	8
5	35.1	11.7	17.6	5.9	5.9	11.7	4.6	7.5	9
6	35.1	11.7	17.6	5.9	5.9	11.7	4.6	7.5	10
7	35.1	11.7	17.6	5.9	5.9	11.7	4.6	7.5	50
8									100

烧成气氛：
氧化 1260℃

坯料：
二青土 80%
黄土 20%

烧成气氛：
还原 1300℃

坯料：
瓷泥 100%

	原始基础釉								添加料
	钾长石	白云石	石英	高岭土	氧化锌	骨灰	氧化铁	氧化钛	果木灰
1	35.1	11.7	17.6	5.9	5.9	11.7	4.6	7.5	5
2	35.1	11.7	17.6	5.9	5.9	11.7	4.6	7.5	6
3	35.1	11.7	17.6	5.9	5.9	11.7	4.6	7.5	7
4	35.1	11.7	17.6	5.9	5.9	11.7	4.6	7.5	8
5	35.1	11.7	17.6	5.9	5.9	11.7	4.6	7.5	9
6	35.1	11.7	17.6	5.9	5.9	11.7	4.6	7.5	10
7	35.1	11.7	17.6	5.9	5.9	11.7	4.6	7.5	50
8									100

果木灰

烧成气氛：
还原 1260℃

坯料：
瓷泥 100%

| | 原始基础釉 | | | | | 添加料 |
	钾长石	石英	高岭土	石灰石	滑石	果木灰
1	36.9	27.2	16.5	15.5	3.9	
2	36.9	27.2	16.5	15.5	3.9	1
3	36.9	27.2	16.5	15.5	3.9	2
4	36.9	27.2	16.5	15.5	3.9	3
5	36.9	27.2	16.5	15.5	3.9	4
6	36.9	27.2	16.5	15.5	3.9	5
7	36.9	27.2	16.5	15.5	3.9	6
8	36.9	27.2	16.5	15.5	3.9	7
9	36.9	27.2	16.5	15.5	3.9	8
10	36.9	27.2	16.5	15.5	3.9	9
11	36.9	27.2	16.5	15.5	3.9	10
12						100

果木灰

烧成气氛：
还原 1260℃

坯料：
二青土 80%
黄土 20%

	原始基础釉					添加料
	钾长石	石英	高岭土	石灰石	滑石	果木灰
1	36.9	27.2	16.5	15.5	3.9	
2	36.9	27.2	16.5	15.5	3.9	1
3	36.9	27.2	16.5	15.5	3.9	2
4	36.9	27.2	16.5	15.5	3.9	3
5	36.9	27.2	16.5	15.5	3.9	4
6	36.9	27.2	16.5	15.5	3.9	5
7	36.9	27.2	16.5	15.5	3.9	6
8	36.9	27.2	16.5	15.5	3.9	7
9	36.9	27.2	16.5	15.5	3.9	8
10	36.9	27.2	16.5	15.5	3.9	9
11	36.9	27.2	16.5	15.5	3.9	10
12						100

果木灰

烧成气氛：
氧化 1260℃

坯料：
瓷泥 100%

	原始基础釉					添加料
	钾长石	石英	高岭土	石灰石	滑石	果木灰
1	40	20	8	16	6	6
2	40	20	8	16	6	7
3	40	20	8	16	6	8
4	40	20	8	16	6	9
5	40	20	8	16	6	10
6	40	20	8	16	6	11
7	40	20	8	16	6	12
8	40	20	8	16	6	13
9	40	20	8	16	6	14
10	40	20	8	16	6	15
11	40	20	8	16	6	20
12	40	20	8	16	6	50

果木灰

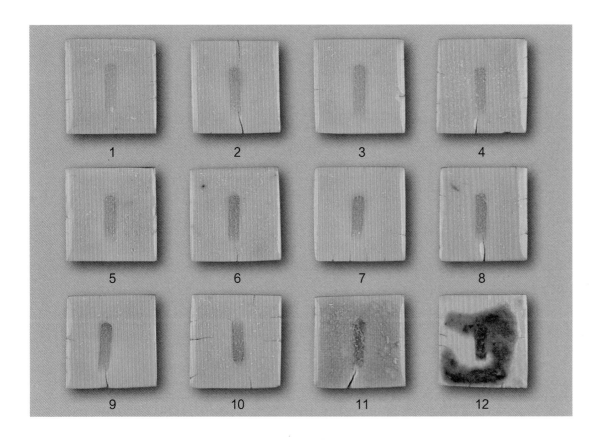

烧成气氛：
还原 1300℃

坯料：
瓷泥 100%

	原始基础釉					添加料	
	钾长石	石英	高岭土	石灰石	滑石	果木灰	附注
1	40	20	8	16	6	6	
2	40	20	8	16	6	7	
3	40	20	8	16	6	8	
4	40	20	8	16	6	9	
5	40	20	8	16	6	10	
6	40	20	8	16	6	11	
7	40	20	8	16	6	12	
8	40	20	8	16	6	13	
9	40	20	8	16	6	14	
10	40	20	8	16	6	15	
11	40	20	8	16	6	50	1260℃
12						100	1260℃

果木灰

1　　2　　3　　4

5　　6　　7　　8

9　　10　　11　　12

烧成气氛：
氧化 1260℃

坯料：
二青土 80%
黄土 20%

	原始基础釉					添加料
	钾长石	石英	高岭土	石灰石	滑石	果木灰
1	40	20	8	16	6	6
2	40	20	8	16	6	7
3	40	20	8	16	6	8
4	40	20	8	16	6	9
5	40	20	8	16	6	10
6	40	20	8	16	6	11
7	40	20	8	16	6	12
8	40	20	8	16	6	13
9	40	20	8	16	6	14
10	40	20	8	16	6	15
11	40	20	8	16	6	20
12	40	20	8	16	6	50

烧成气氛：
还原 1300℃

坯料：
二青土 80%
黄土 20%

	原始基础釉					添加料	
	钾长石	石英	高岭土	石灰石	滑石	果木灰	附注
1	40	20	8	16	6	6	
2	40	20	8	16	6	7	
3	40	20	8	16	6	8	
4	40	20	8	16	6	9	
5	40	20	8	16	6	10	
6	40	20	8	16	6	11	
7	40	20	8	16	6	12	
8	40	20	8	16	6	13	
9	40	20	8	16	6	14	
10	40	20	8	16	6	15	
11	40	20	8	16	6	50	1260℃
12						100	1260℃

果木灰

烧成气氛：
氧化 1260℃

坯料：
瓷泥 100%

	原始基础釉					添加料
	钾长石	石英	高岭土	石灰石	氧化铁	果木灰
1	42	25	15	18	2	6
2	42	25	15	18	2	7
3	42	25	15	18	2	8
4	42	25	15	18	2	9
5	42	25	15	18	2	10
6	42	25	15	18	2	11
7	42	25	15	18	2	12
8	42	25	15	18	2	13
9	42	25	15	18	2	14
10	42	25	15	18	2	15
11	42	25	15	18	2	50
12						100

烧成气氛：
还原 1260℃

坯料：
瓷泥 100%

	原始基础釉					添加料
	钾长石	石英	高岭土	石灰石	氧化铁	果木灰
1	42	25	15	18	2	
2	42	25	15	18	2	6
3	42	25	15	18	2	7
4	42	25	15	18	2	8
5	42	25	15	18	2	9
6	42	25	15	18	2	10
7	42	25	15	18	2	11
8	42	25	15	18	2	12
9	42	25	15	18	2	13
10	42	25	15	18	2	14
11	42	25	15	18	2	15

果
木
灰

烧成气氛：
氧化 1260℃

坯料：
二青土 80%
黄土 20%

	原始基础釉					添加料
	钾长石	石英	高岭土	石灰石	氧化铁	果木灰
1	42	25	15	18	2	6
2	42	25	15	18	2	7
3	42	25	15	18	2	8
4	42	25	15	18	2	9
5	42	25	15	18	2	10
6	42	25	15	18	2	11
7	42	25	15	18	2	12
8	42	25	15	18	2	13
9	42	25	15	18	2	14
10	42	25	15	18	2	15
11	42	25	15	18	2	50
12						100

果木灰

烧成气氛：
还原 1260℃

坯料：
二青土 80%
黄土 20%

	原始基础釉					添加料
	钾长石	石英	高岭土	石灰石	氧化铁	果木灰
1	42	25	15	18	2	
2	42	25	15	18	2	6
3	42	25	15	18	2	7
4	42	25	15	18	2	8
5	42	25	15	18	2	9
6	42	25	15	18	2	10
7	42	25	15	18	2	11
8	42	25	15	18	2	12
9	42	25	15	18	2	13
10	42	25	15	18	2	14
11	42	25	15	18	2	15

果木灰

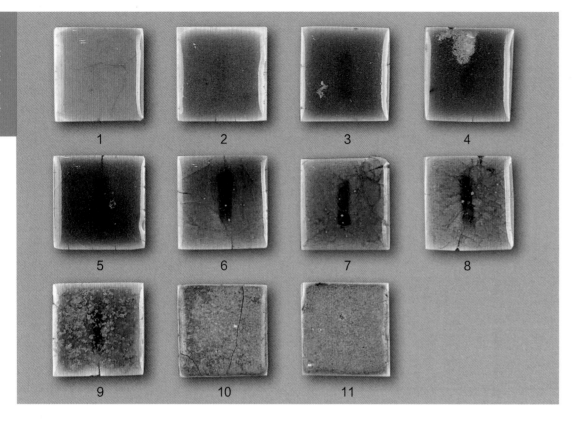

烧成气氛：
还原 1260℃

坯料：
瓷泥 100%

	原始基础釉						添加料
	钾长石	石英	高岭土	石灰石	氧化锌	氧化铁	果木灰
1	42.5	23	15	16	2.2	1	
2	42.5	23	15	16	2.2	1	1
3	42.5	23	15	16	2.2	1	2
4	42.5	23	15	16	2.2	1	3
5	42.5	23	15	16	2.2	1	4
6	42.5	23	15	16	2.2	1	5
7	42.5	23	15	16	2.2	1	6
8	42.5	23	15	16	2.2	1	7
9	42.5	23	15	16	2.2	1	8
10	42.5	23	15	16	2.2	1	9
11	42.5	23	15	16	2.2	1	10

烧成气氛：
还原 1260℃

坯料：
二青土 80%
黄土 20%

| | 原始基础釉 | | | | | | 添加料 |
	钾长石	石英	高岭土	石灰石	氧化铁	氧化锌	果木灰
1	42.5	23.3	15	16	1	2.2	
2	42.5	23.3	15	16	1	2.2	1
3	42.5	23.3	15	16	1	2.2	2
4	42.5	23.3	15	16	1	2.2	3
5	42.5	23.3	15	16	1	2.2	4
6	42.5	23.3	15	16	1	2.2	5
7	42.5	23.3	15	16	1	2.2	6
8	42.5	23.3	15	16	1	2.2	7
9	42.5	23.3	15	16	1	2.2	8
10	42.5	23.3	15	16	1	2.2	9
11	42.5	23.3	15	16	1	2.2	10
12	42.5	23.3	15	16	1	2.2	15

果木灰

烧成气氛:
还原 1260℃

坯料:
宜兴缸料 100%

| | 原始基础釉 | | | | | | 添加料 |
	钾长石	石英	高岭土	石灰石	氧化铁	氧化锌	果木灰
1	42.5	23.3	15	16	1	2.2	
2	42.5	23.3	15	16	1	2.2	1
3	42.5	23.3	15	16	1	2.2	2
4	42.5	23.3	15	16	1	2.2	3
5	42.5	23.3	15	16	1	2.2	4
6	42.5	23.3	15	16	1	2.2	5
7	42.5	23.3	15	16	1	2.2	6
8	42.5	23.3	15	16	1	2.2	7
9	42.5	23.3	15	16	1	2.2	8
10	42.5	23.3	15	16	1	2.2	9
11	42.5	23.3	15	16	1	2.2	10
12	42.5	23.3	15	16	1	2.2	50

烧成气氛：
还原 1260℃

坯料：
瓷泥 100%

烧成气氛：
还原 1260℃

坯料：
二青土 80%
黄土 20%

果木灰

	原始基础釉					添加料	
	钾长石	石英	高岭土	石灰石	氧化锌	果木灰	氧化铁
1	43	24.7	15.1	16.1	2.2	8	
2	43	24.7	15.1	16.1	2.2	9	
3	43	24.7	15.1	16.1	2.2	10	
4	43	24.7	15.1	16.1	2.2	11	
5	43	24.7	15.1	16.1	2.2	12	
6	43	24.7	15.1	16.1	2.2	12	0.01
7	43	24.7	15.1	16.1	2.2	12	0.02
8	43	24.7	15.1	16.1	2.2	12	0.03

果木灰

烧成气氛：
氧化 1260℃

坯料：
瓷泥 100%

	原始基础釉					添加料
	钾长石	石英	高岭土	石灰石	氧化锌	果木灰
1	43	23.7	15.1	16.1	2.2	5
2	43	23.7	15.1	16.1	2.2	6
3	43	23.7	15.1	16.1	2.2	7
4	43	23.7	15.1	16.1	2.2	8
5	43	23.7	15.1	16.1	2.2	9
6	43	23.7	15.1	16.1	2.2	10
7	43	23.7	15.1	16.1	2.2	11
8	43	23.7	15.1	16.1	2.2	12
9	43	23.7	15.1	16.1	2.2	13
10	43	23.7	15.1	16.1	2.2	14
11	43	23.7	15.1	16.1	2.2	15
12						100

烧成气氛：
还原 1260℃

坯料：
瓷泥 100%

	原始基础釉					添加料
	钾长石	石英	高岭土	石灰石	氧化锌	果木灰
1	43	23.7	15.1	16.1	2.2	5
2	43	23.7	15.1	16.1	2.2	6
3	43	23.7	15.1	16.1	2.2	7
4	43	23.7	15.1	16.1	2.2	8
5	43	23.7	15.1	16.1	2.2	9
6	43	23.7	15.1	16.1	2.2	10
7	43	23.7	15.1	16.1	2.2	11
8	43	23.7	15.1	16.1	2.2	12
9	43	23.7	15.1	16.1	2.2	13
10	43	23.7	15.1	16.1	2.2	14
11	43	23.7	15.1	16.1	2.2	15
12	43	23.7	15.1	16.1	2.2	50

果木灰

烧成气氛：
氧化 1260℃

坯料：
二青土 80%
黄土 20%

| | 原始基础釉 | | | | | 添加料 |
	钾长石	石英	高岭土	石灰石	氧化锌	果木灰
1	43	23.7	15.1	16.1	2.2	5
2	43	23.7	15.1	16.1	2.2	6
3	43	23.7	15.1	16.1	2.2	7
4	43	23.7	15.1	16.1	2.2	8
5	43	23.7	15.1	16.1	2.2	9
6	43	23.7	15.1	16.1	2.2	10
7	43	23.7	15.1	16.1	2.2	11
8	43	23.7	15.1	16.1	2.2	12
9	43	23.7	15.1	16.1	2.2	13
10	43	23.7	15.1	16.1	2.2	14
11	43	23.7	15.1	16.1	2.2	15
12	43	23.7	15.1	16.1	2.2	50

烧成气氛：
还原 1260℃

坯料：
二青土 80%
黄土 20%

	原始基础釉					添加料
	钾长石	石英	高岭土	石灰石	氧化锌	果木灰
1	43	23.7	15.1	16.1	2.2	5
2	43	23.7	15.1	16.1	2.2	6
3	43	23.7	15.1	16.1	2.2	7
4	43	23.7	15.1	16.1	2.2	8
5	43	23.7	15.1	16.1	2.2	9
6	43	23.7	15.1	16.1	2.2	10
7	43	23.7	15.1	16.1	2.2	11
8	43	23.7	15.1	16.1	2.2	12
9	43	23.7	15.1	16.1	2.2	13
10	43	23.7	15.1	16.1	2.2	14
11	43	23.7	15.1	16.1	2.2	15
12	43	23.7	15.1	16.1	2.2	50

果木灰

1　2　3　4

5　6　7　8

9　10　11　12

烧成气氛：
氧化 1260℃

坯料：
瓷泥 100%

	原始基础釉					添加料
	钾长石	石灰石	石英	高岭土	氧化铁	果木灰
1	50	20	19	11	2	
2	50	20	19	11	2	6
3	50	20	19	11	2	7
4	50	20	19	11	2	8
5	50	20	19	11	2	9
6	50	20	19	11	2	10
7	50	20	19	11	2	11
8	50	20	19	11	2	12
9	50	20	19	11	2	13
10	50	20	19	11	2	14
11	50	20	19	11	2	15
12	50	20	19	11	2	50

果木灰

烧成气氛:
还原 1260℃

坯料:
瓷泥 100%

	原始基础釉					添加料
	钾长石	石灰石	石英	高岭土	氧化铁	果木灰
1	50	20	19	11	2	
2	50	20	19	11	2	6
3	50	20	19	11	2	7
4	50	20	19	11	2	8
5	50	20	19	11	2	9
6	50	20	19	11	2	10
7	50	20	19	11	2	11
8	50	20	19	11	2	12
9	50	20	19	11	2	13
10	50	20	19	11	2	14
11	50	20	19	11	2	15
12	50	20	19	11	2	50

果木灰

烧成气氛：
氧化 1260℃

坯料：
二青土 80%
黄土 20%

	原始基础釉					添加料
	钾长石	石灰石	石英	高岭土	氧化铁	果木灰
1	50	20	19	11	2	
2	50	20	19	11	2	6
3	50	20	19	11	2	7
4	50	20	19	11	2	8
5	50	20	19	11	2	9
6	50	20	19	11	2	10
7	50	20	19	11	2	11
8	50	20	19	11	2	12
9	50	20	19	11	2	13
10	50	20	19	11	2	14
11	50	20	19	11	2	15
12	50	20	19	11	2	50

1　2　3　4

5　6　7　8

9　10　11　12

果木灰

烧成气氛：
还原 1260℃

坯料：
二青土 80%
黄土 20%

| | 原始基础釉 | | | | | 添加料 |
	钾长石	石灰石	石英	高岭土	氧化铁	果木灰
1	50	20	19	11	2	
2	50	20	19	11	2	6
3	50	20	19	11	2	7
4	50	20	19	11	2	8
5	50	20	19	11	2	9
6	50	20	19	11	2	10
7	50	20	19	11	2	11
8	50	20	19	11	2	12
9	50	20	19	11	2	13
10	50	20	19	11	2	14
11	50	20	19	11	2	15
12	50	20	19	11	2	50

果木灰

烧成气氛：
氧化 1260℃

坯料：
瓷泥 100%

	原始基础釉			添加料
	钾长石	白云石	黄土	果木灰
1	55	20	25	6
2	55	20	25	7
3	55	20	25	8
4	55	20	25	9
5	55	20	25	10
6	55	20	25	11
7	55	20	25	12
8	55	20	25	13
9	55	20	25	14
10	55	20	25	15
11	55	20	25	50
12	55	20	25	100

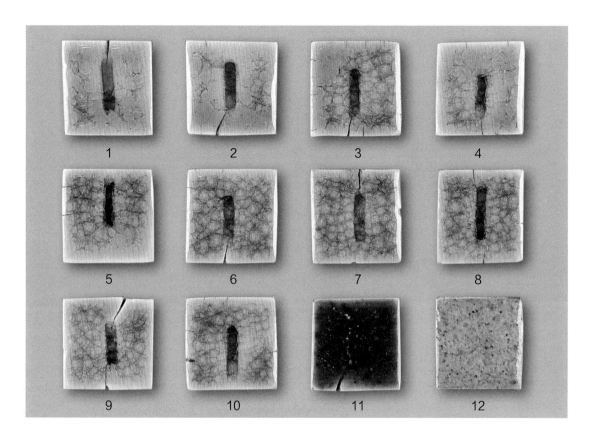

烧成气氛：
还原 1300℃

坯料：
瓷泥 100%

	原始基础釉			添加料		
	钾长石	白云石	黄土	果木灰	麦秸灰	附注
1	55	20	25	6		
2	55	20	25	7		
3	55	20	25	8		
4	55	20	25	9		
5	55	20	25	10		
6	55	20	25	11		
7	55	20	25	12		
8	55	20	25	13		
9	55	20	25	14		
10	55	20	25	15		
11	55	20	25		50	1260℃
12					100	1260℃

果木灰

烧成气氛：
氧化 1260℃

坯料：
二青土 80%
黄土 20%

	原始基础釉			添加料
	钾长石	白云石	黄土	果木灰
1	55	20	25	6
2	55	20	25	7
3	55	20	25	8
4	55	20	25	9
5	55	20	25	10
6	55	20	25	11
7	55	20	25	12
8	55	20	25	13
9	55	20	25	14
10	55	20	25	15

烧成气氛：
还原 1300℃

坯料：
二青土 80%
黄土 20%

	原始基础釉			添加料
	钾长石	白云石	黄土	果木灰
1	55	20	25	6
2	55	20	25	7
3	55	20	25	8
4	55	20	25	9
5	55	20	25	10
6	55	20	25	11
7	55	20	25	12
8	55	20	25	13
9	55	20	25	14
10	55	20	25	15
11	55	20	25	50
12	55	20	25	100

果木灰

烧成气氛：
氧化 1260℃

坯料：
瓷泥 100%

	原始基础釉					添加料
	钾长石	石灰石	滑石	骨灰	高岭土	果木灰
1	58	20	5	3	13	6
2	58	20	5	3	13	7
3	58	20	5	3	13	8
4	58	20	5	3	13	9
5	58	20	5	3	13	10
6	58	20	5	3	13	11
7	58	20	5	3	13	12
8	58	20	5	3	13	13
9	58	20	5	3	13	14
10	58	20	5	3	13	15
11	58	20	5	3	13	50
12						100

烧成气氛：
还原 1260℃

坯料：
瓷泥 100%

	原始基础釉					添加料	
	钾长石	石灰石	滑石	骨灰	高岭土	果木灰	附注
1	58	20	5	3	13	6	
2	58	20	5	3	13	7	
3	58	20	5	3	13	8	
4	58	20	5	3	13	9	
5	58	20	5	3	13	10	
6	58	20	5	3	13	11	
7	58	20	5	3	13	12	
8	58	20	5	3	13	13	
9	58	20	5	3	13	14	
10	58	20	5	3	13	15	
11	58	20	5	3	13	50	1260℃
12						100	1260℃

果木灰

1
2
3
4
5
6
7
8
9
10
11
12

烧成气氛：
氧化 1260℃

坯料：
二青土 80%
黄土 20%

	原始基础釉					添加料
	钾长石	石灰石	滑石	骨灰	高岭土	果木灰
1	58	20	5	3	13	6
2	58	20	5	3	13	7
3	58	20	5	3	13	8
4	58	20	5	3	13	9
5	58	20	5	3	13	10
6	58	20	5	3	13	11
7	58	20	5	3	13	12
8	58	20	5	3	13	13
9	58	20	5	3	13	14
10	58	20	5	3	13	15
11	58	20	5	3	13	20
12	58	20	5	3	13	50

烧成气氛：
还原 1260℃

坯料：
二青土 80%
黄土 20%

	原始基础釉					添加料
	钾长石	石灰石	滑石	骨灰	高岭土	果木灰
1	58	20	5	3	13	6
2	58	20	5	3	13	7
3	58	20	5	3	13	8
4	58	20	5	3	13	9
5	58	20	5	3	13	10
6	58	20	5	3	13	11
7	58	20	5	3	13	12
8	58	20	5	3	13	13
9	58	20	5	3	13	14
10	58	20	5	3	13	15
11	58	20	5	3	13	50
12						100

果木灰

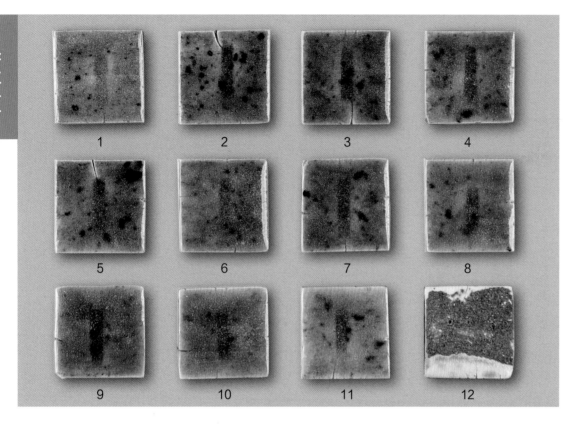

烧成气氛：
还原 1260℃

坯料：
瓷泥 100%

	原始基础釉					添加料	
	钾长石	石灰石	石英	高岭土	氧化铁	果木灰	附注
1	60	10	25	5	2		
2	60	10	25	5	2	6	
3	60	10	25	5	2	7	
4	60	10	25	5	2	8	
5	60	10	25	5	2	9	
6	60	10	25	5	2	10	
7	60	10	25	5	2	11	
8	60	10	25	5	2	12	
9	60	10	25	5	2	13	
10	60	10	25	5	2	14	
11	60	10	25	5	2	15	
12						100	1260℃

1　2　3　4

5　6　7　8

9　10　11　12

果木灰

烧成气氛：
还原 1260℃

坯料：
二青土 80%
黄土 20%

	原始基础釉					添加料
	钾长石	石灰石	石英	高岭土	氧化铁	果木灰
1	60	10	25	5	2	
2	60	10	25	5	2	6
3	60	10	25	5	2	7
4	60	10	25	5	2	8
5	60	10	25	5	2	9
6	60	10	25	5	2	10
7	60	10	25	5	2	11
8	60	10	25	5	2	12
9	60	10	25	5	2	13
10	60	10	25	5	2	14
11	60	10	25	5	2	15
12						100

果木灰

烧成气氛：
氧化 1300℃

坯料：
瓷泥 100%

	原始基础釉				添加料		
	钾长石	白云石	石英	黄土	果木灰	杨木灰	附注
1	63	20	5	12	6		
2	63	20	5	12	7		
3	63	20	5	12	8		
4	63	20	5	12	9		
5	63	20	5	12	10		
6	63	20	5	12	11		
7	63	20	5	12	12		
8	63	20	5	12	13		
9	63	20	5	12	14		
10	63	20	5	12	15		
11	63	20	5	12		50	1260℃
12						100	1260℃

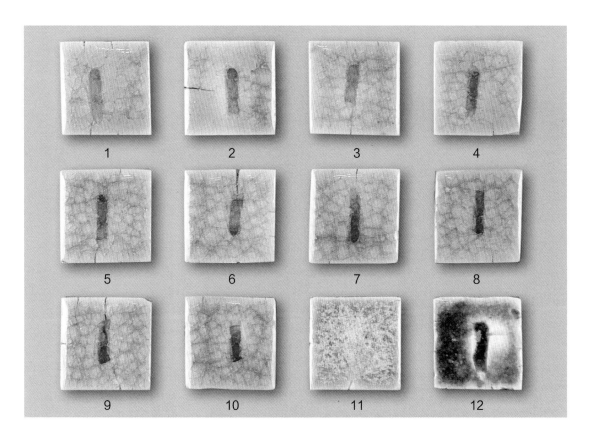

果木灰

烧成气氛:
还原 1300℃

坯料:
瓷泥 100%

	原始基础釉				添加料		
	钾长石	白云石	石英	黄土	果木灰	杨木灰	附注
1	63	20	5	12	6		
2	63	20	5	12	7		
3	63	20	5	12	8		
4	63	20	5	12	9		
5	63	20	5	12	10		
6	63	20	5	12	11		
7	63	20	5	12	12		
8	63	20	5	12	13		
9	63	20	5	12	14		
10	63	20	5	12	15		
11	63	20	5	12		50	1260℃
12						100	1260℃

果木灰

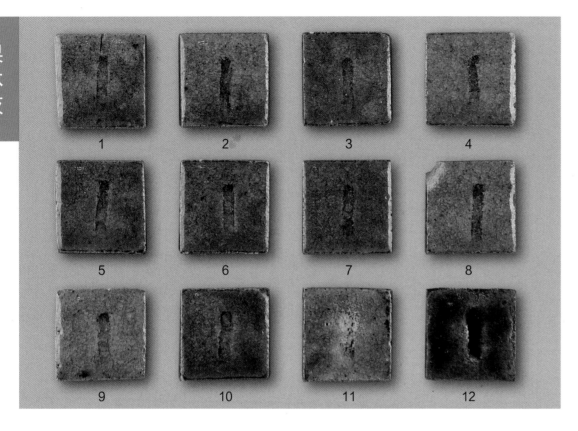

1 2 3 4

5 6 7 8

9 10 11 12

烧成气氛：
还原 1260℃

坯料：
二青土 80%
黄土 20%

	原始基础釉				添加料
	钾长石	白云石	石英	黄土	果木灰
1	63	20	5	12	6
2	63	20	5	12	7
3	63	20	5	12	8
4	63	20	5	12	9
5	63	20	5	12	10
6	63	20	5	12	11
7	63	20	5	12	12
8	63	20	5	12	13
9	63	20	5	12	14
10	63	20	5	12	15
11	63	20	5	12	50
12	63	20	5	12	100

5.3.5　树叶灰

此处所用乃普通树叶之灰，随处可见。秋时的落叶，农民将其收回，用于冬日暖炕。燃后的灰烬经人工淘洗，除去杂质，即为制釉良材。

此处所用树叶灰均采自河北省平泉县长胜沟。

树叶灰

烧成气氛：
还原 1260℃

坯料：
瓷泥 100%

	原始基础釉					添加料	
	钾长石	石英	高岭土	石灰石	滑石	树叶灰	果木灰
1	36.9	27.2	16.5	15.5	3.9		
2	36.9	27.2	16.5	15.5	3.9	1	
3	36.9	27.2	16.5	15.5	3.9	2	
4	36.9	27.2	16.5	15.5	3.9	3	
5	36.9	27.2	16.5	15.5	3.9	4	
6	36.9	27.2	16.5	15.5	3.9	5	
7	36.9	27.2	16.5	15.5	3.9	6	
8	36.9	27.2	16.5	15.5	3.9	7	
9	36.9	27.2	16.5	15.5	3.9	8	
10	36.9	27.2	16.5	15.5	3.9	9	
11	36.9	27.2	16.5	15.5	3.9	10	
12	36.9	27.2	16.5	15.5	3.9		15

烧成气氛：
还原 1260℃

坯料：
二青土 80%
黄土 20%

	原始基础釉					添加料	
	钾长石	石英	高岭土	石灰石	滑石	树叶灰	果木灰
1	36.9	27.2	16.5	15.5	3.9		
2	36.9	27.2	16.5	15.5	3.9	1	
3	36.9	27.2	16.5	15.5	3.9	2	
4	36.9	27.2	16.5	15.5	3.9	3	
5	36.9	27.2	16.5	15.5	3.9	4	
6	36.9	27.2	16.5	15.5	3.9	5	
7	36.9	27.2	16.5	15.5	3.9	6	
8	36.9	27.2	16.5	15.5	3.9	7	
9	36.9	27.2	16.5	15.5	3.9	8	
10	36.9	27.2	16.5	15.5	3.9	9	
11	36.9	27.2	16.5	15.5	3.9	10	
12	36.9	27.2	16.5	15.5	3.9		15

树叶灰

1　2　3　4

5　6　7　8

9　10　11　12

烧成气氛：
还原 1260℃

坯料：
二青土 80%
黄土 20%

	原始基础釉						添加料
	钾长石	石英	高岭土	石灰石	氧化铁	氧化锌	树叶灰
1	42.5	23	15	16	1	2.2	
2	42.5	23	15	16	1	2.2	1
3	42.5	23	15	16	1	2.2	2
4	42.5	23	15	16	1	2.2	3
5	42.5	23	15	16	1	2.2	4
6	42.5	23	15	16	1	2.2	5
7	42.5	23	15	16	1	2.2	6
8	42.5	23	15	16	1	2.2	7
9	42.5	23	15	16	1	2.2	8
10	42.5	23	15	16	1	2.2	9
11	42.5	23	15	16	1	2.2	10
12	42.5	23	15	16	1	2.2	50

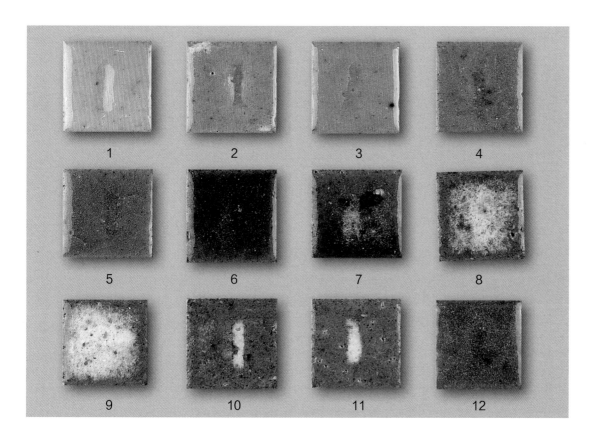

1　　2　　3　　4

5　　6　　7　　8

9　　10　　11　　12

树叶灰

烧成气氛：
还原 1300℃

坯料：
二青土 80%
黄土 20%

	原始基础釉						添加料		
	钾长石	石英	高岭土	石灰石	氧化铁	氧化锌	树叶灰	果木灰	附注
1	42.5	23.5	15	16	1	2.2			
2	42.5	23.5	15	16	1	2.2	1		
3	42.5	23.5	15	16	1	2.2	2		
4	42.5	23.5	15	16	1	2.2	3		
5	42.5	23.5	15	16	1	2.2	4		
6	42.5	23.5	15	16	1	2.2	5		
7	42.5	23.5	15	16	1	2.2	6		
8	42.5	23.5	15	16	1	2.2	7		
9	42.5	23.5	15	16	1	2.2	8		
10	42.5	23.5	15	16	1	2.2	9		
11	42.5	23.5	15	16	1	2.2	10		
12	42.5	23.5	15	16	1	2.2		15	1260℃

树叶灰

烧成气氛：
还原 1260℃

坯料：
瓷泥 100%

	原始基础釉						添加料	
	钾长石	石英	高岭土	石灰石	氧化铁	氧化锌	树叶灰	果木灰
1	42.5	23	15	16	1	2.2		
2	42.5	23	15	16	1	2.2	1	
3	42.5	23	15	16	1	2.2	2	
4	42.5	23	15	16	1	2.2	3	
5	42.5	23	15	16	1	2.2	4	
6	42.5	23	15	16	1	2.2	5	
7	42.5	23	15	16	1	2.2	6	
8	42.5	23	15	16	1	2.2	7	
9	42.5	23	15	16	1	2.2	8	
10	42.5	23	15	16	1	2.2	9	
11	42.5	23	15	16	1	2.2	10	
12	42.5	23	15	16	1	2.2		15

1　2　3　4

5　6　7　8

9　10　11　12

烧成气氛：
还原 1300℃

坯料：
宜兴缸料 100%

	原始基础釉						添加料		
	钾长石	石英	高岭土	石灰石	氧化铁	氧化锌	树叶灰	果木灰	附注
1	42.5	23.5	15	16	1	2.2			
2	42.5	23.5	15	16	1	2.2	1		
3	42.5	23.5	15	16	1	2.2	2		
4	42.5	23.5	15	16	1	2.2	3		
5	42.5	23.5	15	16	1	2.2	4		
6	42.5	23.5	15	16	1	2.2	5		
7	42.5	23.5	15	16	1	2.2	6		
8	42.5	23.5	15	16	1	2.2	7		
9	42.5	23.5	15	16	1	2.2	8		
10	42.5	23.5	15	16	1	2.2	9		
11	42.5	23.5	15	16	1	2.2	10		
12	42.5	23.5	15	16	1	2.2		15	1260℃

5.3.6　杨木灰

杨木多植于中国北方农村之路边道旁，每到修枝季节，剪下的枝条四处堆积，农民将之积存，平日用于生火做饭，冬日取暖。其燃之灰烬可为制釉良材。

此处所用杨木灰采自河北省平泉县长胜沟，经淘洗除去浮物及石土杂质后使用。

杨木灰

烧成气氛：
还原 1260℃

坯料：
二青土 80%
黄土 20%

	原始基础釉					添加料
	钾长石	石英	高岭土	石灰石	滑石	杨木灰
1	36.9	27.2	16.5	15.5	3.9	
2	36.9	27.2	16.5	15.5	3.9	1
3	36.9	27.2	16.5	15.5	3.9	2
4	36.9	27.2	16.5	15.5	3.9	3
5	36.9	27.2	16.5	15.5	3.9	4
6	36.9	27.2	16.5	15.5	3.9	5
7	36.9	27.2	16.5	15.5	3.9	6
8	36.9	27.2	16.5	15.5	3.9	7
9	36.9	27.2	16.5	15.5	3.9	8
10	36.9	27.2	16.5	15.5	3.9	9
11	36.9	27.2	16.5	15.5	3.9	10

杨木灰

烧成气氛：
还原 1260℃

坯料：
瓷泥 100%

| | 原始基础釉 | | | | | 添加料 |
	钾长石	石英	高岭土	石灰石	滑石	杨木灰
1	36.9	27.2	16.2	15.5	3.9	
2	36.9	27.2	16.2	15.5	3.9	1
3	36.9	27.2	16.2	15.5	3.9	2
4	36.9	27.2	16.2	15.5	3.9	3
5	36.9	27.2	16.2	15.5	3.9	4
6	36.9	27.2	16.2	15.5	3.9	5
7	36.9	27.2	16.2	15.5	3.9	6
8	36.9	27.2	16.2	15.5	3.9	7
9	36.9	27.2	16.2	15.5	3.9	8
10	36.9	27.2	16.2	15.5	3.9	9
11	36.9	27.2	16.2	15.5	3.9	10
12	36.9	27.2	16.2	15.5	3.9	50

杨木灰

烧成气氛：
还原 1260℃

坯料：
瓷泥 100%

	原始基础釉						添加料	
	钾长石	石英	高岭土	石灰石	氧化锌	氧化铁	杨木灰	果木灰
1	42.5	23	15	16	2.2	1		
2	42.5	23	15	16	2.2	1	1	
3	42.5	23	15	16	2.2	1	2	
4	42.5	23	15	16	2.2	1	3	
5	42.5	23	15	16	2.2	1	4	
6	42.5	23	15	16	2.2	1	5	
7	42.5	23	15	16	2.2	1	6	
8	42.5	23	15	16	2.2	1	7	
9	42.5	23	15	16	2.2	1	8	
10	42.5	23	15	16	2.2	1	9	
11	42.5	23	15	16	2.2	1	10	
12	42.5	23	15	16	2.2	1		15

杨木灰

烧成气氛：
还原 1260℃

坯料：
二青土 80%
黄土 20%

	原始基础釉						添加料	
	钾长石	石英	高岭土	石灰石	氧化锌	氧化铁	杨木灰	果木灰
1	42.5	23	15	16	2.2	1		
2	42.5	23	15	16	2.2	1	1	
3	42.5	23	15	16	2.2	1	2	
4	42.5	23	15	16	2.2	1	3	
5	42.5	23	15	16	2.2	1	4	
6	42.5	23	15	16	2.2	1	5	
7	42.5	23	15	16	2.2	1	6	
8	42.5	23	15	16	2.2	1	7	
9	42.5	23	15	16	2.2	1	8	
10	42.5	23	15	16	2.2	1	9	
11	42.5	23	15	16	2.2	1	10	
12	42.5	23	15	16	2.2	1		15

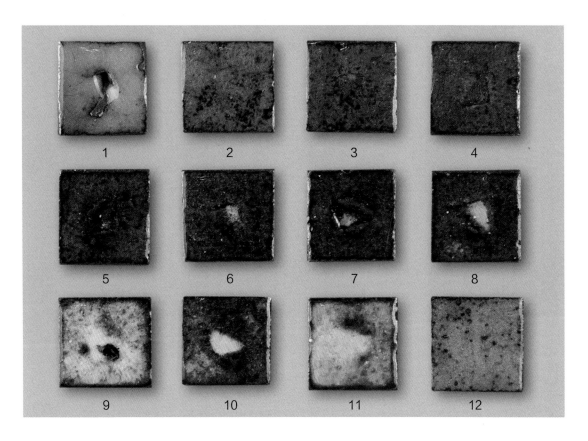

烧成气氛：
氧化 1300℃

坯料：
宜兴缸料 100%

	原始基础釉						添加料	
	钾长石	石英	高岭土	石灰石	氧化锌	氧化铁	杨木灰	果木灰
1	42.5	23	15	16	2.2	1		
2	42.5	23	15	16	2.2	1	1	
3	42.5	23	15	16	2.2	1	2	
4	42.5	23	15	16	2.2	1	3	
5	42.5	23	15	16	2.2	1	4	
6	42.5	23	15	16	2.2	1	5	
7	42.5	23	15	16	2.2	1	6	
8	42.5	23	15	16	2.2	1	7	
9	42.5	23	15	16	2.2	1	8	
10	42.5	23	15	16	2.2	1	9	
11	42.5	23	15	16	2.2	1	10	
12	42.5	23	15	16	2.2	1		15

5.3.7　山草灰

此为山之野草灰烬，秋收后，将山草燃烧成灰，淘洗后使用。

此处所用山草灰均采自河北省平泉县长胜沟。

山草灰

烧成气氛：
还原 1260℃

坯料：
二青土 80%
黄土 20%

	原始基础釉						添加料
	钾长石	石英	高岭土	石灰石	氧化锌	氧化铁	山草灰
1	42.5	23	15	16	2.2	1	
2	42.5	23	15	16	2.2	1	1
3	42.5	23	15	16	2.2	1	2
4	42.5	23	15	16	2.2	1	3
5	42.5	23	15	16	2.2	1	4
6	42.5	23	15	16	2.2	1	5
7	42.5	23	15	16	2.2	1	6
8	42.5	23	15	16	2.2	1	7
9	42.5	23	15	16	2.2	1	8
10	42.5	23	15	16	2.2	1	9
11	42.5	23	15	16	2.2	1	10
12	42.5	23	15	16	2.2	1	50

山草灰

烧成气氛：
还原 1260℃

坯料：
瓷泥 100%

| | 原始基础釉 | | | | | 添加料 |
	钾长石	石英	高岭土	石灰石	滑石	山草灰
1	36.9	27.2	16.5	15.5	3.9	
2	36.9	27.2	16.5	15.5	3.9	1
3	36.9	27.2	16.5	15.5	3.9	2
4	36.9	27.2	16.5	15.5	3.9	3
5	36.9	27.2	16.5	15.5	3.9	4
6	36.9	27.2	16.5	15.5	3.9	5
7	36.9	27.2	16.5	15.5	3.9	6
8	36.9	27.2	16.5	15.5	3.9	7
9	36.9	27.2	16.5	15.5	3.9	8
10	36.9	27.2	16.5	15.5	3.9	9
11	36.9	27.2	16.5	15.5	3.9	10
12						100

烧成气氛:
还原 1260℃

坯料:
二青土 80%
黄土 20%

	原始基础釉					添加料	
	钾长石	石英	高岭土	石灰石	滑石	山草灰	果木灰
1	36.9	27.2	16.5	15.5	3.9		
2	36.9	27.2	16.5	15.5	3.9	1	
3	36.9	27.2	16.5	15.5	3.9	2	
4	36.9	27.2	16.5	15.5	3.9	3	
5	36.9	27.2	16.5	15.5	3.9	4	
6	36.9	27.2	16.5	15.5	3.9	5	
7	36.9	27.2	16.5	15.5	3.9	6	
8	36.9	27.2	16.5	15.5	3.9	7	
9	36.9	27.2	16.5	15.5	3.9	8	
10	36.9	27.2	16.5	15.5	3.9	9	
11	36.9	27.2	16.5	15.5	3.9	10	
12	36.9	27.2	16.5	15.5	3.9		50

山草灰

烧成气氛：
还原 1260℃

坯料：
瓷泥 100%

| | 原始基础釉 | | | | | | 添加料 |
	钾长石	石英	高岭土	石灰石	氧化锌	氧化铁	山草灰
1	42.5	23	15	16	2.2	1	
2	42.5	23	15	16	2.2	1	1
3	42.5	23	15	16	2.2	1	2
4	42.5	23	15	16	2.2	1	3
5	42.5	23	15	16	2.2	1	4
6	42.5	23	15	16	2.2	1	5
7	42.5	23	15	16	2.2	1	6
8	42.5	23	15	16	2.2	1	7
9	42.5	23	15	16	2.2	1	8
10	42.5	23	15	16	2.2	1	9
11	42.5	23	15	16	2.2	1	10
12							100

烧成气氛：
还原 1300℃

坯料：
二青土 80%
黄土 20%

	原始基础釉						添加料
	钾长石	石英	高岭土	石灰石	氧化锌	氧化铁	山草灰
1	42.5	23	15	16	2.2	1	
2	42.5	23	15	16	2.2	1	1
3	42.5	23	15	16	2.2	1	2
4	42.5	23	15	16	2.2	1	3
5	42.5	23	15	16	2.2	1	4
6	42.5	23	15	16	2.2	1	5
7	42.5	23	15	16	2.2	1	6
8	42.5	23	15	16	2.2	1	7
9	42.5	23	15	16	2.2	1	8
10	42.5	23	15	16	2.2	1	9
11	42.5	23	15	16	2.2	1	10
12	42.5	23	15	16	2.2	1	50

5.3.8 黍秸灰

　　黍，北方主要农作物之一，多产于山区。其秸秆
常用以生火做饭，所燃之灰烬称为黍秸灰。

　　此处所用黍秸灰，均采自河北省平泉县长胜沟。

黍秸灰

烧成气氛：
还原 1260℃

坯料：
瓷泥 100%

	原始基础釉					添加料
	钾长石	石英	高岭土	石灰石	滑石	黍秸灰
1	36.9	27.2	16.5	15.5	3.9	
2	36.9	27.2	16.5	15.5	3.9	1
3	36.9	27.2	16.5	15.5	3.9	2
4	36.9	27.2	16.5	15.5	3.9	3
5	36.9	27.2	16.5	15.5	3.9	4
6	36.9	27.2	16.5	15.5	3.9	5
7	36.9	27.2	16.5	15.5	3.9	6
8	36.9	27.2	16.5	15.5	3.9	7
9	36.9	27.2	16.5	15.5	3.9	8
10	36.9	27.2	16.5	15.5	3.9	9
11	36.9	27.2	16.5	15.5	3.9	10
12						100

黍秸灰

烧成气氛:
还原 1260℃

坯料:
瓷泥 100%

	原始基础釉						添加料	
	钾长石	石英	高岭土	石灰石	氧化铁	氧化锌	黍秸灰	果木灰
1	42.5	23	15	16	1	2.2		
2	42.5	23	15	16	1	2.2	1	
3	42.5	23	15	16	1	2.2	2	
4	42.5	23	15	16	1	2.2	3	
5	42.5	23	15	16	1	2.2	4	
6	42.5	23	15	16	1	2.2	5	
7	42.5	23	15	16	1	2.2	6	
8	42.5	23	15	16	1	2.2	7	
9	42.5	23	15	16	1	2.2	8	
10	42.5	23	15	16	1	2.2	9	
11	42.5	23	15	16	1	2.2	10	
12	42.5	23	15	16	1	2.2		15

黍秸灰

烧成气氛：
还原 1260℃

坯料：
二青土 80%
黄土 20%

	原始基础釉						添加料	
	钾长石	石英	高岭土	石灰石	氧化铁	氧化锌	黍秸灰	果木灰
1	42.5	23	15	16	1	2.2		
2	42.5	23	15	16	1	2.2	1	
3	42.5	23	15	16	1	2.2	2	
4	42.5	23	15	16	1	2.2	3	
5	42.5	23	15	16	1	2.2	4	
6	42.5	23	15	16	1	2.2	5	
7	42.5	23	15	16	1	2.2	6	
8	42.5	23	15	16	1	2.2	7	
9	42.5	23	15	16	1	2.2	8	
10	42.5	23	15	16	1	2.2	9	
11	42.5	23	15	16	1	2.2	10	
12	42.5	23	15	16	1	2.2		15

黍秸灰

1　　2　　3　　4

5　　6　　7　　8

9　　10　　11　　12

烧成气氛：
还原 1260℃

坯料：
二青土 80%
黄土 20%

	原始基础釉						添加料
	钾长石	石英	高岭土	石灰石	氧化铁	氧化锌	黍秸灰
1	42.5	23.3	15	16	1	2.2	
2	42.5	23.3	15	16	1	2.2	1
3	42.5	23.3	15	16	1	2.2	2
4	42.5	23.3	15	16	1	2.2	3
5	42.5	23.3	15	16	1	2.2	4
6	42.5	23.3	15	16	1	2.2	5
7	42.5	23.3	15	16	1	2.2	6
8	42.5	23.3	15	16	1	2.2	7
9	42.5	23.3	15	16	1	2.2	8
10	42.5	23.3	15	16	1	2.2	9
11	42.5	23.3	15	16	1	2.2	10
12	42.5	23.3	15	16	1	2.2	50

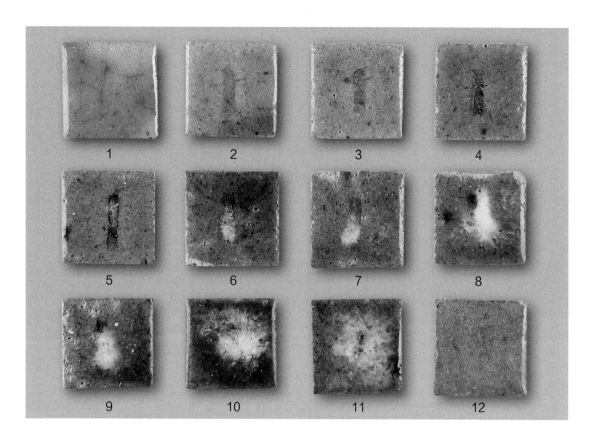

烧成气氛：
还原 1300℃

坯料：
二青土 80%
黄土 20%

	原始基础釉						添加料		
	钾长石	石英	高岭土	石灰石	氧化铁	氧化锌	黍秸灰	果木灰	附注
1	42.5	23.3	15	16	1	2.2			
2	42.5	23.3	15	16	1	2.2	1		
3	42.5	23.3	15	16	1	2.2	2		
4	42.5	23.3	15	16	1	2.2	3		
5	42.5	23.3	15	16	1	2.2	4		
6	42.5	23.3	15	16	1	2.2	5		
7	42.5	23.3	15	16	1	2.2	6		
8	42.5	23.3	15	16	1	2.2	7		
9	42.5	23.3	15	16	1	2.2	8		
10	42.5	23.3	15	16	1	2.2	9		
11	42.5	23.3	15	16	1	2.2	10		
12	42.5	23.3	15	16	1	2.2	15		1260℃

黍秸灰

烧成气氛：
还原 1260℃

坯料：
二青土 80%
黄土 20%

	原始基础釉					添加料
	钾长石	石英	高岭土	石灰石	滑石	黍秸灰
1	36.9	27.2	16.5	15.5	3.9	
2	36.9	27.2	16.5	15.5	3.9	1
3	36.9	27.2	16.5	15.5	3.9	2
4	36.9	27.2	16.5	15.5	3.9	3
5	36.9	27.2	16.5	15.5	3.9	4
6	36.9	27.2	16.5	15.5	3.9	5
7	36.9	27.2	16.5	15.5	3.9	6
8	36.9	27.2	16.5	15.5	3.9	7
9	36.9	27.2	16.5	15.5	3.9	8
10	36.9	27.2	16.5	15.5	3.9	9
11	36.9	27.2	16.5	15.5	3.9	10
12	36.9	27.2	16.5	15.5	3.9	50

5.3.9　麦秸灰

麦收之后，将散积于田边道旁的麦秸收集起来，燃之以用。

此处所用麦秸灰采自陕西陈炉。

麦秸灰

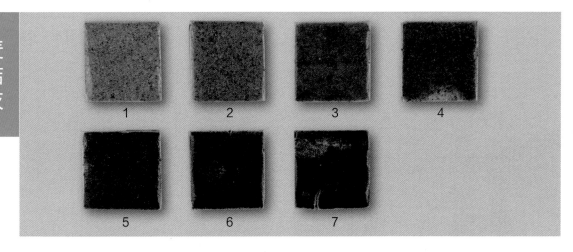

烧成气氛：
氧化 1300℃

坯料：
瓷泥 100%

烧成气氛：
氧化 1300℃

坯料：
二青土 80%
黄土 20%

	原始基础釉	添加料
	耀变石	麦秸灰
1	20	80
2	30	70
3	40	60
4	50	50
5	60	40
6	70	30
7	80	20

麦秸灰

烧成气氛：
还原 1300℃

坯料：
瓷泥 100%

烧成气氛：
还原 1300℃

坯料：
二青土 80%
黄土 20%

	原始基础釉	添加料
	耀变石	麦秸灰
1	20	80
2	30	70
3	40	60
4	50	50
5	60	40
6	70	30
7	80	20

麦秸灰

烧成气氛：
氧化 1260℃

坯料：
瓷泥 100%

烧成气氛：
氧化 1260℃

坯料：
二青土 80%
黄土 20%

	原始基础釉		添加料
	耀变石	黄土	麦秸灰
1	10	10	80
2	20	10	70
3	30	10	60
4	40	10	50
5	50	10	40
6	60	10	30
7	70	10	20

烧成气氛:
还原 1260℃

坯料:
瓷泥 100%

烧成气氛:
还原 1260℃

坯料:
二青土 80%
黄土 20%

麦秸灰

	原始基础釉		添加料
	耀变石	黄土	麦秸灰
1	10	10	80
2	20	10	70
3	30	10	60
4	40	10	50
5	50	10	40
6	60	10	30
7	70	10	20

麦秸灰

烧成气氛:
氧化 1260℃

坯料:
瓷泥 100%

	原始基础釉					添加料
	钾长石	石英	高岭土	石灰石	滑石	麦秸灰
1	40	20	8	16	6	6
2	40	20	8	16	6	7
3	40	20	8	16	6	8
4	40	20	8	16	6	9
5	40	20	8	16	6	10
6	40	20	8	16	6	11
7	40	20	8	16	6	12
8	40	20	8	16	6	13
9	40	20	8	16	6	14
10	40	20	8	16	6	15
11	40	20	8	16	6	50
12						100

烧成气氛：
还原 1300℃

坯料：
瓷泥 100%

	原始基础釉					添加料	
	钾长石	石英	高岭土	石灰石	滑石	麦秸灰	附注
1	40	20	8	16	6	6	
2	40	20	8	16	6	7	
3	40	20	8	16	6	8	
4	40	20	8	16	6	9	
5	40	20	8	16	6	10	
6	40	20	8	16	6	11	
7	40	20	8	16	6	12	
8	40	20	8	16	6	13	
9	40	20	8	16	6	14	
10	40	20	8	16	6	15	
11	40	20	8	16	6	50	1260℃
12						100	1260℃

麦秸灰

烧成气氛：
氧化 1260℃

坯料：
二青土 80%
黄土 20%

	原始基础釉					添加料
	钾长石	石英	高岭土	石灰石	滑石	麦秸灰
1	40	20	8	16	6	6
2	40	20	8	16	6	7
3	40	20	8	16	6	8
4	40	20	8	16	6	9
5	40	20	8	16	6	10
6	40	20	8	16	6	11
7	40	20	8	16	6	12
8	40	20	8	16	6	13
9	40	20	8	16	6	14
10	40	20	8	16	6	15

麦秸灰

烧成气氛：
还原 1300℃

坯料：
二青土 80%
黄土 20%

| | 原始基础釉 | | | | | 添加料 | |
	钾长石	石英	高岭土	石灰石	滑石	麦秸灰	附注
1	40	20	8	16	6	6	
2	40	20	8	16	6	7	
3	40	20	8	16	6	8	
4	40	20	8	16	6	9	
5	40	20	8	16	6	10	
6	40	20	8	16	6	11	
7	40	20	8	16	6	12	
8	40	20	8	16	6	13	
9	40	20	8	16	6	14	
10	40	20	8	16	6	15	
11	40	20	8	16	6	50	1260℃
12						100	1260℃

麦秸灰

烧成气氛：
氧化 1260℃

坯料：
瓷泥 100%

| | 原始基础釉 | | | | | 添加料 |
	钾长石	石英	高岭土	石灰石	氧化铁	麦秸灰
1	42	25	15	18	2	
2	42	25	15	18	2	6
3	42	25	15	18	2	7
4	42	25	15	18	2	8
5	42	25	15	18	2	9
6	42	25	15	18	2	10
7	42	25	15	18	2	11
8	42	25	15	18	2	12
9	42	25	15	18	2	13
10	42	25	15	18	2	14
11	42	25	15	18	2	15
12						100

麦秸灰

烧成气氛:
还原 1260℃

坯料:
二青土 80%
黄土 20%

	原始基础釉					添加料
	钾长石	石英	高岭土	石灰石	氧化铁	麦秸灰
1	42	25	15	18	2	
2	42	25	15	18	2	6
3	42	25	15	18	2	7
4	42	25	15	18	2	8
5	42	25	15	18	2	9
6	42	25	15	18	2	10
7	42	25	15	18	2	11
8	42	25	15	18	2	12
9	42	25	15	18	2	13
10	42	25	15	18	2	14
11	42	25	15	18	2	15
12						100

麦秸灰

1　2　3　4

5　6　7　8

9　10　11　12

烧成气氛：
氧化 1260℃

坯料：
瓷泥 100%

	原始基础釉					添加料
	钾长石	石灰石	石英	高岭土	氧化铁	麦秸灰
1	50	20	19	11	2	6
2	50	20	19	11	2	7
3	50	20	19	11	2	8
4	50	20	19	11	2	9
5	50	20	19	11	2	10
6	50	20	19	11	2	11
7	50	20	19	11	2	12
8	50	20	19	11	2	13
9	50	20	19	11	2	14
10	50	20	19	11	2	15
11	50	20	19	11	2	50
12						100

麦秸灰

烧成气氛：
还原 1260℃

坯料：
瓷泥 100%

	原始基础釉					添加料
	钾长石	石灰石	石英	高岭土	氧化铁	麦秸灰
1	50	20	19	11	2	6
2	50	20	19	11	2	7
3	50	20	19	11	2	8
4	50	20	19	11	2	9
5	50	20	19	11	2	10
6	50	20	19	11	2	11
7	50	20	19	11	2	12
8	50	20	19	11	2	13
9	50	20	19	11	2	14
10	50	20	19	11	2	15
11	50	20	19	11	2	50
12						100

麦秸灰

烧成气氛：
氧化 1260℃

坯料：
二青土 80%
黄土 20%

	原始基础釉					添加料
	钾长石	石灰石	石英	高岭土	氧化铁	麦秸灰
1	50	20	19	11	2	6
2	50	20	19	11	2	7
3	50	20	19	11	2	8
4	50	20	19	11	2	9
5	50	20	19	11	2	10
6	50	20	19	11	2	11
7	50	20	19	11	2	12
8	50	20	19	11	2	13
9	50	20	19	11	2	14
10	50	20	19	11	2	15
11	50	20	19	11	2	50
12						100

烧成气氛：
还原 1260℃

坯料：
二青土 80%
黄土 20%

	原始基础釉					添加料
	钾长石	石灰石	石英	高岭土	氧化铁	麦秸灰
1	50	20	19	11	2	6
2	50	20	19	11	2	7
3	50	20	19	11	2	8
4	50	20	19	11	2	9
5	50	20	19	11	2	10
6	50	20	19	11	2	11
7	50	20	19	11	2	12
8	50	20	19	11	2	13
9	50	20	19	11	2	14
10	50	20	19	11	2	15
11	50	20	19	11	2	50
12						100

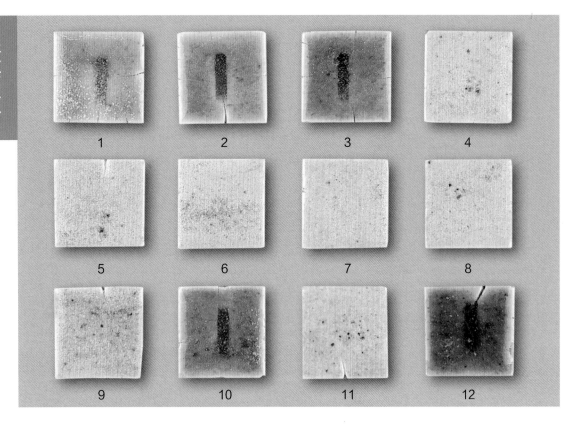

烧成气氛：
氧化 1260℃

坯料：
瓷泥 100%

	原始基础釉			添加料
	钾长石	白云石	黄土	麦秸灰
1	55	20	25	0
2	55	20	25	6
3	55	20	25	7
4	55	20	25	8
5	55	20	25	9
6	55	20	25	10
7	55	20	25	11
8	55	20	25	12
9	55	20	25	13
10	55	20	25	14
11	55	20	25	15
12	55	20	25	50

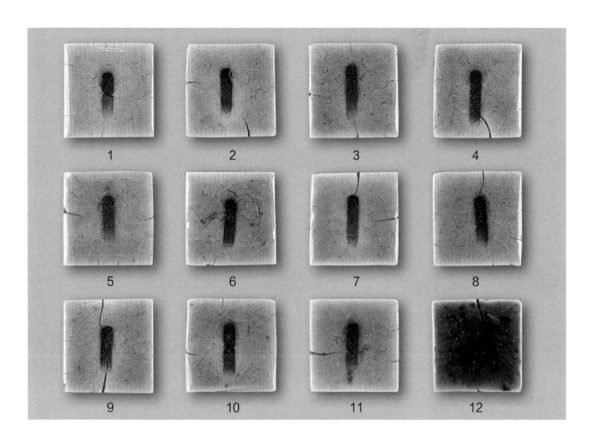

烧成气氛：
还原 1300℃

坯料：
瓷泥 100%

	原始基础釉			添加料
	钾长石	白云石	黄土	麦秸灰
1	55	20	25	0
2	55	20	25	6
3	55	20	25	7
4	55	20	25	8
5	55	20	25	9
6	55	20	25	10
7	55	20	25	11
8	55	20	25	12
9	55	20	25	13
10	55	20	25	14
11	55	20	25	15
12	55	20	25	50

麦秸灰

烧成气氛：
氧化 1260℃

坯料：
二青土 80%
黄土 20%

	原始基础釉			添加料
	钾长石	白云石	黄土	麦秸灰
1	55	20	25	0
2	55	20	25	6
3	55	20	25	7
4	55	20	25	8
5	55	20	25	9
6	55	20	25	10
7	55	20	25	11
8	55	20	25	12
9	55	20	25	13
10	55	20	25	14
11	55	20	25	15
12	55	20	25	50

烧成气氛:
还原 1300℃

坯料:
二青土 80%
黄土 20%

	原始基础釉			添加料	
	钾长石	白云石	黄土	麦秸灰	附注
1	55	20	25	0	
2	55	20	25	6	
3	55	20	25	7	
4	55	20	25	8	
5	55	20	25	9	
6	55	20	25	10	
7	55	20	25	11	
8	55	20	25	12	
9	55	20	25	13	
10	55	20	25	14	
11	55	20	25	15	
12	55	20	25	50	1260℃

麦秸灰

烧成气氛：
氧化 1260℃

坯料：
二青土 80%
黄土 20%

	原始基础釉				添加料
	钾长石	石灰石	黄土	氧化钴	麦秸灰
1	56	24	20	1.5	
2	56	24	20	1.5	6
3	56	24	20	1.5	7
4	56	24	20	1.5	8
5	56	24	20	1.5	9
6	56	24	20	1.5	10
7	56	24	20	1.5	11
8	56	24	20	1.5	12
9	56	24	20	1.5	13
10	56	24	20	1.5	14
11	56	24	20	1.5	15

麦秸灰

烧成气氛：
还原 1260℃

坯料：
二青土 80%
黄土 20%

	原始基础釉				添加料	
	钾长石	石灰石	黄土	氧化钴	麦秸灰	果木灰
1	56	24	20	1.5	6	
2	56	24	20	1.5	7	
3	56	24	20	1.5	8	
4	56	24	20	1.5	9	
5	56	24	20	1.5	10	
6	56	24	20	1.5	11	
7	56	24	20	1.5	12	
8	56	24	20	1.5	13	
9	56	24	20	1.5	14	
10	56	24	20	1.5	15	
11	56	24	20	1.5		10
12	56	24	20	1.5		20

麦秸灰

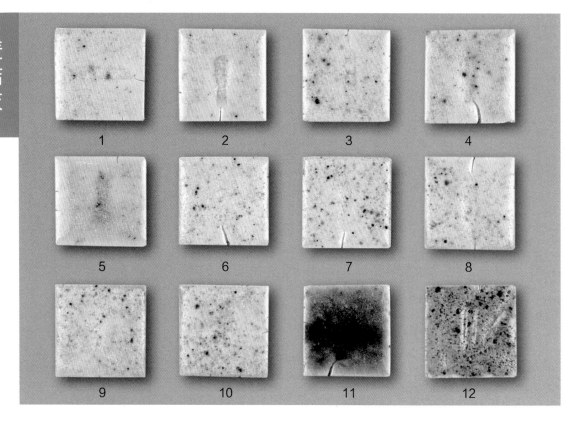

1 2 3 4

5 6 7 8

9 10 11 12

烧成气氛:
氧化 1260℃

坯料:
瓷泥 100%

	原始基础釉					添加料
	钾长石	石灰石	滑石	骨灰	高岭土	麦秸灰
1	58	20	5	3	13	6
2	58	20	5	3	13	7
3	58	20	5	3	13	8
4	58	20	5	3	13	9
5	58	20	5	3	13	10
6	58	20	5	3	13	11
7	58	20	5	3	13	12
8	58	20	5	3	13	13
9	58	20	5	3	13	14
10	58	20	5	3	13	15
11	58	20	5	3	13	50
12						100

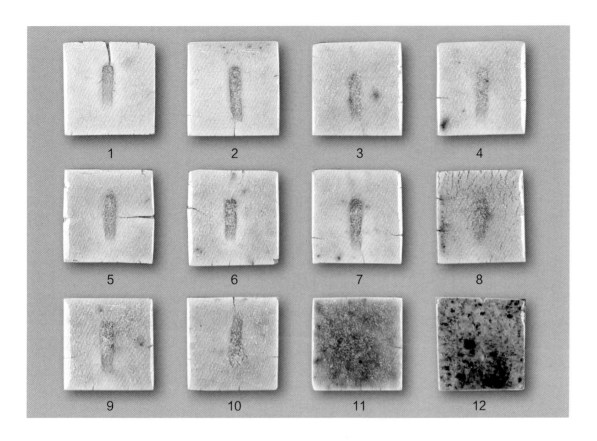

麦秸灰

烧成气氛：
还原 1300℃

坯料：
瓷泥 100%

	原始基础釉					添加料	
	钾长石	石灰石	滑石	骨灰	高岭土	麦秸灰	附注
1	58	20	5	3	13	6	
2	58	20	5	3	13	7	
3	58	20	5	3	13	8	
4	58	20	5	3	13	9	
5	58	20	5	3	13	10	
6	58	20	5	3	13	11	
7	58	20	5	3	13	12	
8	58	20	5	3	13	13	
9	58	20	5	3	13	14	
10	58	20	5	3	13	15	
11	58	20	5	3	13	50	1260℃
12						100	1260℃

麦秸灰

烧成气氛:
氧化 1260℃

坯料:
二青土 80%
黄土 20%

	原始基础釉					添加料
	钾长石	石灰石	滑石	骨灰	高岭土	麦秸灰
1	58	20	5	3	13	6
2	58	20	5	3	13	7
3	58	20	5	3	13	8
4	58	20	5	3	13	9
5	58	20	5	3	13	10
6	58	20	5	3	13	11
7	58	20	5	3	13	12
8	58	20	5	3	13	13
9	58	20	5	3	13	14
10	58	20	5	3	13	15
11	58	20	5	3	13	50
12						100

麦秸灰

烧成气氛：
还原 1260℃

坯料：
二青土 80%
黄土 20%

	原始基础釉					添加料
	钾长石	石灰石	滑石	骨灰	高岭土	麦秸灰
1	58	20	5	3	13	6
2	58	20	5	3	13	7
3	58	20	5	3	13	8
4	58	20	5	3	13	9
5	58	20	5	3	13	10
6	58	20	5	3	13	11
7	58	20	5	3	13	12
8	58	20	5	3	13	13
9	58	20	5	3	13	14
10	58	20	5	3	13	15
11	58	20	5	3	13	100
12						100

麦秸灰

1   2   3   4

5   6   7   8

9   10   11   12

烧成气氛：
氧化 1260℃

坯料：
瓷泥 100%

	原始基础釉					添加料
	钾长石	石灰石	石英	高岭土	氧化铁	麦秸灰
1	60	10	25	5	2	
2	60	10	25	5	2	6
3	60	10	25	5	2	7
4	60	10	25	5	2	8
5	60	10	25	5	2	9
6	60	10	25	5	2	10
7	60	10	25	5	2	11
8	60	10	25	5	2	12
9	60	10	25	5	2	13
10	60	10	25	5	2	14
11	60	10	25	5	2	15
12						100

麦秸灰

烧成气氛：
还原 1260℃

坯料：
瓷泥 100%

| | 原始基础釉 | | | | | 添加料 |
	钾长石	石灰石	石英	高岭土	氧化铁	麦秸灰
1	60	10	25	5	2	6
2	60	10	25	5	2	7
3	60	10	25	5	2	8
4	60	10	25	5	2	9
5	60	10	25	5	2	10
6	60	10	25	5	2	11
7	60	10	25	5	2	12
8	60	10	25	5	2	13
9	60	10	25	5	2	14
10	60	10	25	5	2	15
11	60	10	25	5	2	50
12						100

麦秸灰

烧成气氛：
氧化 1260℃

坯料：
瓷泥 100%

	原始基础釉				添加料
	钾长石	白云石	石英	黄土	麦秸灰
1	63	20	5	12	6
2	63	20	5	12	7
3	63	20	5	12	8
4	63	20	5	12	9
5	63	20	5	12	10
6	63	20	5	12	11
7	63	20	5	12	12
8	63	20	5	12	13
9	63	20	5	12	14
10	63	20	5	12	15
11	63	20	5	12	
12	63	20	5	12	50

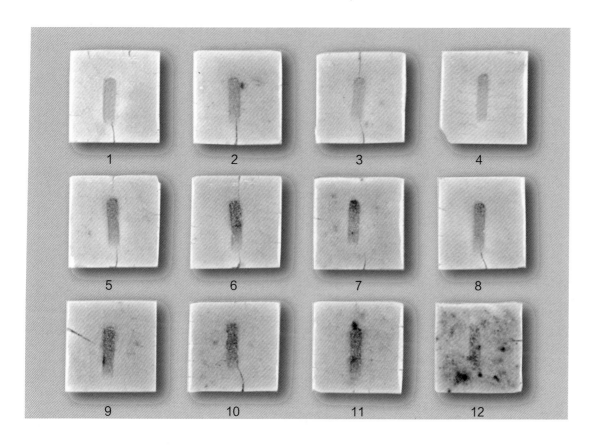

烧成气氛：
还原 1260℃

坯料：
瓷泥 100%

	原始基础釉				添加料
	钾长石	白云石	石英	黄土	麦秸灰
1	63	20	5	12	6
2	63	20	5	12	7
3	63	20	5	12	8
4	63	20	5	12	9
5	63	20	5	12	10
6	63	20	5	12	11
7	63	20	5	12	12
8	63	20	5	12	13
9	63	20	5	12	14
10	63	20	5	12	15
11	63	20	5	12	
12	63	20	5	12	50

麦秸灰

烧成气氛：
氧化 1260℃

坯料：
二青土 80%
黄土 20%

| | 原始基础釉 | | | | 添加料 |
	钾长石	白云石	石英	黄土	麦秸灰
1	63	20	5	12	6
2	63	20	5	12	7
3	63	20	5	12	8
4	63	20	5	12	9
5	63	20	5	12	10
6	63	20	5	12	11
7	63	20	5	12	12
8	63	20	5	12	13
9	63	20	5	12	14
10	63	20	5	12	15
11	63	20	5	12	
12	63	20	5	12	50

烧成气氛：
还原 1300℃

坯料：
二青土 80%
黄土 20%

	原始基础釉				添加料
	钾长石	白云石	石英	黄土	麦秸灰
1	63	20	5	12	6
2	63	20	5	12	7
3	63	20	5	12	8
4	63	20	5	12	9
5	63	20	5	12	10
6	63	20	5	12	11
7	63	20	5	12	12
8	63	20	5	12	13
9	63	20	5	12	14
10	63	20	5	12	15
11	63	20	5	12	
12	63	20	5	12	50

第6章　面性试验

　　面性试验，一般包括三角形试验和四边形试验。三角形试验即通过三种原料或三种配方不同配比变化的比较，研究其原料的特点，总结烧成规律；四边形试验即通过四种原料或四种配方不同配比变化的比较，研究其原料的特点，总结烧成规律。

6.1　三角形试验

　　釉配方一般三种以上原料混合为多。此类釉易于施挂，烧成温度范围宽，效果稳定。三角形试验通过三种原料或三个配方不同配比变化的比较，提供了大量可供选择的试验结果。

6.1.1　无釉坯料试验

无釉坯料试验是指在无釉条件下，通过对三种坯料进行不同比例的、有规律的调配，比较各种坯料配比的烧成效果。

6.1.2　有釉坯料试验

有釉坯料试验是指在上有同种釉的条件下，通过对三种坯料进行不同比例的、有规律的调配，比较各种坯料配比的烧成效果。

6.1.3　釉料试验

三角形釉料试验是指在同种坯料的条件下，通过对三种配釉原料进行不同比例的、有规律的调配，比较各种釉料的烧成效果。其单位原料的选择，可以是纯粹的天然矿物或呈色金属氧化物，也可以是某种完整的釉料配方。这里所列的三角形釉料试验，其中一个单位原料就是完整的釉料配方，另两个分别是草木灰和呈色金属氧化物，三者之间不同比例的组合，调配出各种不同效果的釉。

无釉坯料

烧成气氛：
氧化 1260℃

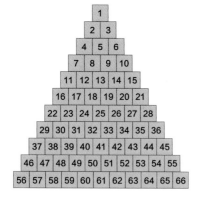

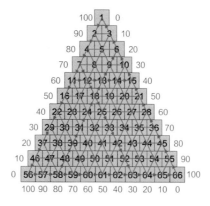

坯料配方							
	白瓷泥	紫砂泥	邯郸缸料		白瓷泥	紫砂泥	邯郸缸料
1	100			34	30	50	20
2	90		10	35	30	60	10
3	90	10		36	30	70	
4	80		20	37	20		80
5	80	10	10	38	20	10	70
6	80	20		39	20	20	60
7	70		30	40	20	30	50
8	70	10	20	41	20	40	40
9	70	20	10	42	20	50	30
10	70	30		43	20	60	20
11	60		40	44	20	70	10
12	60	10	30	45	20	80	
13	60	20	20	46	10		90
14	60	30	10	47	10	10	80
15	60	40		48	10	20	70
16	50		50	49	10	30	60
17	50	10	40	50	10	40	50
18	50	20	30	51	10	50	40
19	50	30	20	52	10	60	30
20	50	40	10	53	10	70	20
21	50	50		54	10	80	10
22	40		60	55	10	90	
23	40	10	50	56			100
24	40	20	40	57		10	90
25	40	30	30	58		20	80
26	40	40	20	59		30	70
27	40	50	10	60		40	60
28	40	60		61		50	50
29	30		70	62		60	40
30	30	10	60	63		70	30
31	30	20	50	64		80	20
32	30	30	40	65		90	10
33	30	40	30	66		100	

釉料配方						
钾长石	石英	高岭土	石灰石	滑石	氧化钛	氧化锰
28	4.7	15	13.7	26.7	10.7	1.2

烧成气氛：
还原 1260℃

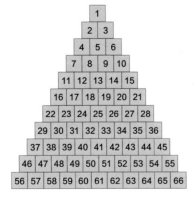

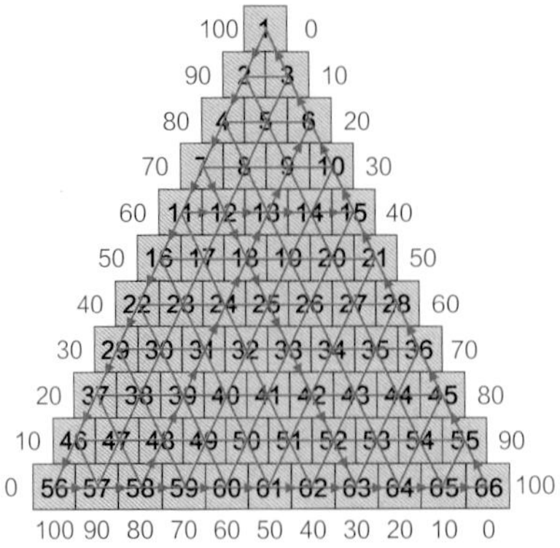

坯料配方							
	二青泥	邯郸缸料	黄土		二青泥	邯郸缸料	黄土
1	100			34	30	50	20
2	90		10	35	30	60	10
3	90	10		36	30	70	
4	80		20	37	20		80
5	80	10	10	38	20	10	70
6	80	20		39	20	20	60
7	70		30	40	20	30	50
8	70	10	20	41	20	40	40
9	70	20	10	42	20	50	30
10	70	30		43	20	60	20
11	60		40	44	20	70	10
12	60	10	30	45	20	80	
13	60	20	20	46	10		90
14	60	30	10	47	10	10	80
15	60	40		48	10	20	70
16	50		50	49	10	30	60
17	50	10	40	50	10	40	50
18	50	20	30	51	10	50	40
19	50	30	20	52	10	60	30
20	50	40	10	53	10	70	20
21	50	50		54	10	80	10
22	40		60	55	10	90	
23	40	10	50	56			100
24	40	20	40	57		10	90
25	40	30	30	58		20	80
26	40	40	20	59		30	70
27	40	50	10	60		40	60
28	40	60		61		50	50
29	30		70	62		60	40
30	30	10	60	63		70	30
31	30	20	50	64		80	20
32	30	30	40	65		90	10
33	30	40	30	66		100	

有釉坯料

釉料配方						
钾长石	石英	高岭土	石灰石	滑石	氧化钛	氧化锰
28	4.7	15	13.7	26.7	10.7	1.2

烧成气氛：
还原 1260℃

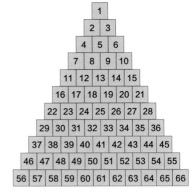

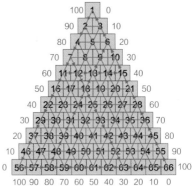

坯料配方							
	邯郸缸料	白瓷泥	宜兴缸料		邯郸缸料	白瓷泥	宜兴缸料
1	100			34	30	50	20
2	90		10	35	30	60	10
3	90	10		36	30	70	
4	80		20	37	20		80
5	80	10	10	38	20	10	70
6	80	20		39	20	20	60
7	70		30	40	20	30	50
8	70	10	20	41	20	40	40
9	70	20	10	42	20	50	30
10	70	30		43	20	60	20
11	60		40	44	20	70	10
12	60	10	30	45	20	80	
13	60	20	20	46	10		90
14	60	30	10	47	10	10	80
15	60	40		48	10	20	70
16	50		50	49	10	30	60
17	50	10	40	50	10	40	50
18	50	20	30	51	10	50	40
19	50	30	20	52	10	60	30
20	50	40	10	53	10	70	20
21	50	50		54	10	80	10
22	40		60	55	10	90	
23	40	10	50	56			100
24	40	20	40	57		10	90
25	40	30	30	58		20	80
26	40	40	20	59		30	70
27	40	50	10	60		40	60
28	40	60		61		50	50
29	30		70	62		60	40
30	30	10	60	63		70	30
31	30	20	50	64		80	20
32	30	30	40	65		90	10
33	30	40	30	66		100	

有釉坯料

釉料配方						
钾长石	石英	高岭土	石灰石	滑石	氧化钛	氧化锰
28	4.7	15	13.7	26.7	10.7	1.2

烧成气氛：
还原 1260℃

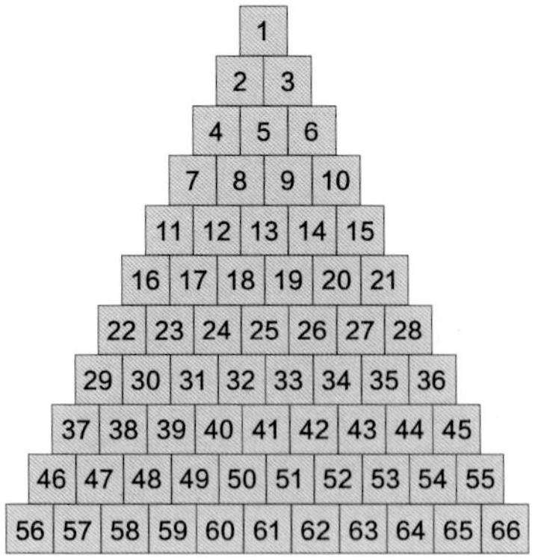

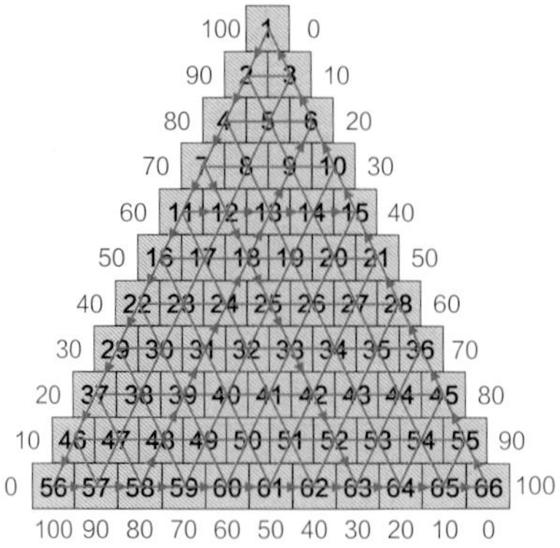

坯料配方							
	白瓷泥	紫砂泥	邯郸缸料		白瓷泥	紫砂泥	邯郸缸料
1	100			34	30	50	20
2	90		10	35	30	60	10
3	90	10		36	30	70	
4	80		20	37	20		80
5	80	10	10	38	20	10	70
6	80	20		39	20	20	60
7	70		30	40	20	30	50
8	70	10	20	41	20	40	40
9	70	20	10	42	20	50	30
10	70	30		43	20	60	20
11	60		40	44	20	70	10
12	60	10	30	45	20	80	
13	60	20	20	46	10		90
14	60	30	10	47	10	10	80
15	60	40		48	10	20	70
16	50		50	49	10	30	60
17	50	10	40	50	10	40	50
18	50	20	30	51	10	50	40
19	50	30	20	52	10	60	30
20	50	40	10	53	10	70	20
21	50	50		54	10	80	10
22	40		60	55	10	90	
23	40	10	50	56			100
24	40	20	40	57		10	90
25	40	30	30	58		20	80
26	40	40	20	59		30	70
27	40	50	10	60		40	60
28	40	60		61		50	50
29	30		70	62		60	40
30	30	10	60	63		70	30
31	30	20	50	64		80	20
32	30	30	40	65		90	10
33	30	40	30	66		100	

有釉坯料

釉料配方						
钾长石	石英	高岭土	石灰石	滑石	氧化钛	氧化锰
28	4.7	15	13.7	26.7	10.7	1.2

烧成气氛：
还原 1260℃

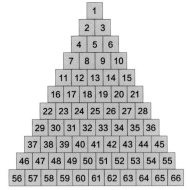

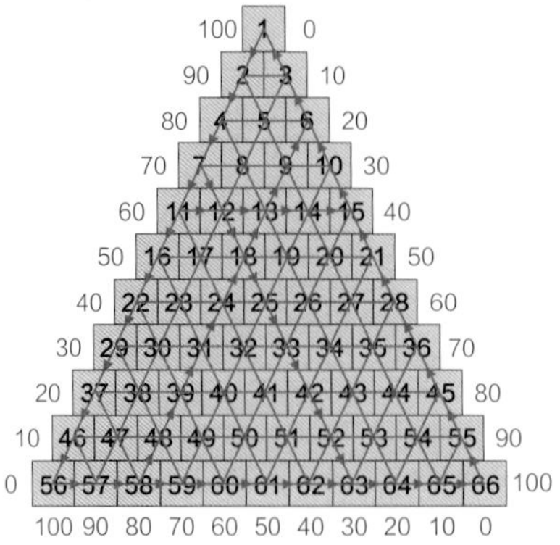

坯料配方							
	二青泥	宜兴缸料	黄土		二青泥	宜兴缸料	黄土
1	100			34	30	50	20
2	90		10	35	30	60	10
3	90	10		36	30	70	
4	80		20	37	20		80
5	80	10	10	38	20	10	70
6	80	20		39	20	20	60
7	70		30	40	20	30	50
8	70	10	20	41	20	40	40
9	70	20	10	42	20	50	30
10	70	30		43	20	60	20
11	60		40	44	20	70	10
12	60	10	30	45	20	80	
13	60	20	20	46	10		90
14	60	30	10	47	10	10	80
15	60	40		48	10	20	70
16	50		50	49	10	30	60
17	50	10	40	50	10	40	50
18	50	20	30	51	10	50	40
19	50	30	20	52	10	60	30
20	50	40	10	53	10	70	20
21	50	50		54	10	80	10
22	40		60	55	10	90	
23	40	10	50	56			100
24	40	20	40	57		10	90
25	40	30	30	58		20	80
26	40	40	20	59		30	70
27	40	50	10	60		40	60
28	40	60		61		50	50
29	30		70	62		60	40
30	30	10	60	63		70	30
31	30	20	50	64		80	20
32	30	30	40	65		90	10
33	30	40	30	66		100	

有釉坯料

釉料配方				
钾长石	石英	石灰石	氧化铁	氧化钛
35	23	26	8	8

烧成气氛：
还原 1260℃

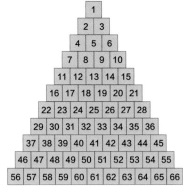

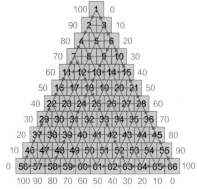

坯料配方							
	二青泥	宜兴缸料	黄土		二青泥	宜兴缸料	黄土
1	100			34	30	50	20
2	90		10	35	30	60	10
3	90	10		36	30	70	
4	80		20	37	20		80
5	80	10	10	38	20	10	70
6	80	20		39	20	20	60
7	70		30	40	20	30	50
8	70	10	20	41	20	40	40
9	70	20	10	42	20	50	30
10	70	30		43	20	60	20
11	60		40	44	20	70	10
12	60	10	30	45	20	80	
13	60	20	20	46	10		90
14	60	30	10	47	10	10	80
15	60	40		48	10	20	70
16	50		50	49	10	30	60
17	50	10	40	50	10	40	50
18	50	20	30	51	10	50	40
19	50	30	20	52	10	60	30
20	50	40	10	53	10	70	20
21	50	50		54	10	80	10
22	40		60	55	10	90	
23	40	10	50	56			100
24	40	20	40	57		10	90
25	40	30	30	58		20	80
26	40	40	20	59		30	70
27	40	50	10	60		40	60
28	40	60		61		50	50
29	30		70	62		60	40
30	30	10	60	63		70	30
31	30	20	50	64		80	20
32	30	30	40	65		90	10
33	30	40	30	66		100	

有
釉
坯
料

釉料配方				
钾长石	石英	石灰石	氧化铁	氧化钛
35	23	26	8	8

烧成气氛：
还原 1260℃

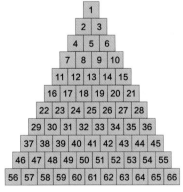

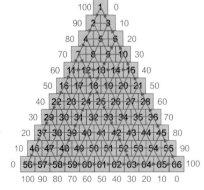

坯料配方							
	邯郸缸料	白瓷泥	宜兴缸料		邯郸缸料	白瓷泥	宜兴缸料
1	100			34	30	50	20
2	90		10	35	30	60	10
3	90	10		36	30	70	
4	80		20	37	20		80
5	80	10	10	38	20	10	70
6	80	20		39	20	20	60
7	70		30	40	20	30	50
8	70	10	20	41	20	40	40
9	70	20	10	42	20	50	30
10	70	30		43	20	60	20
11	60		40	44	20	70	10
12	60	10	30	45	20	80	
13	60	20	20	46	10		90
14	60	30	10	47	10	10	80
15	60	40		48	10	20	70
16	50		50	49	10	30	60
17	50	10	40	50	10	40	50
18	50	20	30	51	10	50	40
19	50	30	20	52	10	60	30
20	50	40	10	53	10	70	20
21	50	50		54	10	80	10
22	40		60	55	10	90	
23	40	10	50	56			100
24	40	20	40	57		10	90
25	40	30	30	58		20	80
26	40	40	20	59		30	70
27	40	50	10	60		40	60
28	40	60		61		50	50
29	30		70	62		60	40
30	30	10	60	63		70	30
31	30	20	50	64		80	20
32	30	30	40	65		90	10
33	30	40	30	66		100	

釉料配方					
钾长石	石英	石灰石	氧化锌	氧化锡	氧化铜
39	19	19	4	2	3

烧成气氛：
还原 1260℃

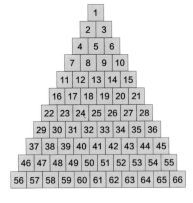

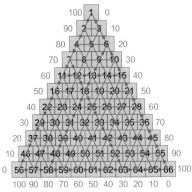

	坯料配方						
	白瓷泥	紫砂泥	邯郸缸料		白瓷泥	紫砂泥	邯郸缸料
1	100			34	30	50	20
2	90		10	35	30	60	10
3	90	10		36	30	70	
4	80		20	37	20		80
5	80	10	10	38	20	10	70
6	80	20		39	20	20	60
7	70		30	40	20	30	50
8	70	10	20	41	20	40	40
9	70	20	10	42	20	50	30
10	70	30		43	20	60	20
11	60		40	44	20	70	10
12	60	10	30	45	20	80	
13	60	20	20	46	10		90
14	60	30	10	47	10	10	80
15	60	40		48	10	20	70
16	50		50	49	10	30	60
17	50	10	40	50	10	40	50
18	50	20	30	51	10	50	40
19	50	30	20	52	10	60	30
20	50	40	10	53	10	70	20
21	50	50		54	10	80	10
22	40		60	55	10	90	
23	40	10	50	56			100
24	40	20	40	57		10	90
25	40	30	30	58		20	80
26	40	40	20	59		30	70
27	40	50	10	60		40	60
28	40	60		61		50	50
29	30		70	62		60	40
30	30	10	60	63		70	30
31	30	20	50	64		80	20
32	30	30	40	65		90	10
33	30	40	30	66		100	

有釉坯料

釉料配方					
钾长石	石英	石灰石	氧化锌	氧化锡	氧化铜
39	19	19	4	2	3

烧成气氛：
还原 1260℃

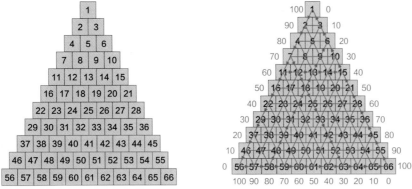

坯料配方							
	邯郸缸料	白瓷泥	宜兴缸料		邯郸缸料	白瓷泥	宜兴缸料
1	100			34	30	50	20
2	90		10	35	30	60	10
3	90	10		36	30	70	
4	80		20	37	20		80
5	80	10	10	38	20	10	70
6	80	20		39	20	20	60
7	70		30	40	20	30	50
8	70	10	20	41	20	40	40
9	70	20	10	42	20	50	30
10	70	30		43	20	60	20
11	60		40	44	20	70	10
12	60	10	30	45	20	80	
13	60	20	20	46	10		90
14	60	30	10	47	10	10	80
15	60	40		48	10	20	70
16	50		50	49	10	30	60
17	50	10	40	50	10	40	50
18	50	20	30	51	10	50	40
19	50	30	20	52	10	60	30
20	50	40	10	53	10	70	20
21	50	50		54	10	80	10
22	40		60	55	10	90	
23	40	10	50	56			100
24	40	20	40	57		10	90
25	40	30	30	58		20	80
26	40	40	20	59		30	70
27	40	50	10	60		40	60
28	40	60		61		50	50
29	30		70	62		60	40
30	30	10	60	63		70	30
31	30	20	50	64		80	20
32	30	30	40	65		90	10
33	30	40	30	66		100	

釉料配方				
钾长石	石灰石	高岭土	石英	滑石
40	30	8	20	2

烧成气氛：
还原 1260℃

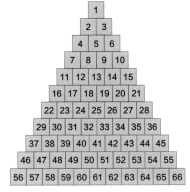

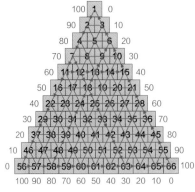

		坯料配方					
	二青泥	邯郸缸料	黄土		二青泥	邯郸缸料	黄土
1	100			34	30	50	20
2	90		10	35	30	60	10
3	90	10		36	30	70	
4	80		20	37	20		80
5	80	10	10	38	20	10	70
6	80	20		39	20	20	60
7	70		30	40	20	30	50
8	70	10	20	41	20	40	40
9	70	20	10	42	20	50	30
10	70	30		43	20	60	20
11	60		40	44	20	70	10
12	60	10	30	45	20	80	
13	60	20	20	46	10		90
14	60	30	10	47	10	10	80
15	60	40		48	10	20	70
16	50		50	49	10	30	60
17	50	10	40	50	10	40	50
18	50	20	30	51	10	50	40
19	50	30	20	52	10	60	30
20	50	40	10	53	10	70	20
21	50	50		54	10	80	10
22	40		60	55	10	90	
23	40	10	50	56			100
24	40	20	40	57		10	90
25	40	30	30	58		20	80
26	40	40	20	59		30	70
27	40	50	10	60		40	60
28	40	60		61		50	50
29	30		70	62		60	40
30	30	10	60	63		70	30
31	30	20	50	64		80	20
32	30	30	40	65		90	10
33	30	40	30	66		100	

有釉坯料

釉料配方					
钾长石	石英	高岭土	石灰石	氧化锌	氧化铁
42	23	15	16	2.1	1.9

烧成气氛：
还原 1260℃

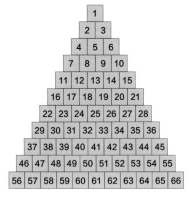

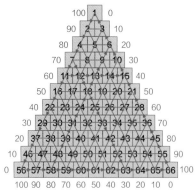

坯料配方

	二青泥	邯郸缸料	黄土		二青泥	邯郸缸料	黄土
1	100			34	30	50	20
2	90		10	35	30	60	10
3	90	10		36	30	70	
4	80		20	37	20		80
5	80	10	10	38	20	10	70
6	80	20		39	20	20	60
7	70		30	40	20	30	50
8	70	10	20	41	20	40	40
9	70	20	10	42	20	50	30
10	70	30		43	20	60	20
11	60		40	44	20	70	10
12	60	10	30	45	20	80	
13	60	20	20	46	10		90
14	60	30	10	47	10	10	80
15	60	40		48	10	20	70
16	50		50	49	10	30	60
17	50	10	40	50	10	40	50
18	50	20	30	51	10	50	40
19	50	30	20	52	10	60	30
20	50	40	10	53	10	70	20
21	50	50		54	10	80	10
22	40		60	55	10	90	
23	40	10	50	56			100
24	40	20	40	57		10	90
25	40	30	30	58		20	80
26	40	40	20	59		30	70
27	40	50	10	60		40	60
28	40	60		61		50	50
29	30		70	62		60	40
30	30	10	60	63		70	30
31	30	20	50	64		80	20
32	30	30	40	65		90	10
33	30	40	30	66		100	

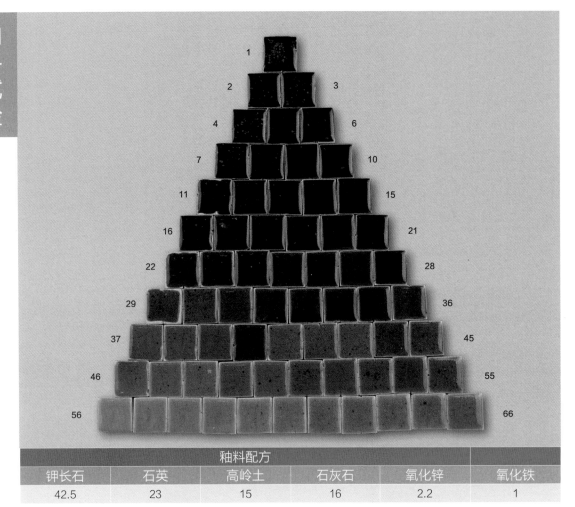

釉料配方					
钾长石	石英	高岭土	石灰石	氧化锌	氧化铁
42.5	23	15	16	2.2	1

烧成气氛：
还原 1260℃

坯料：
二青土 80%
黄土 20%

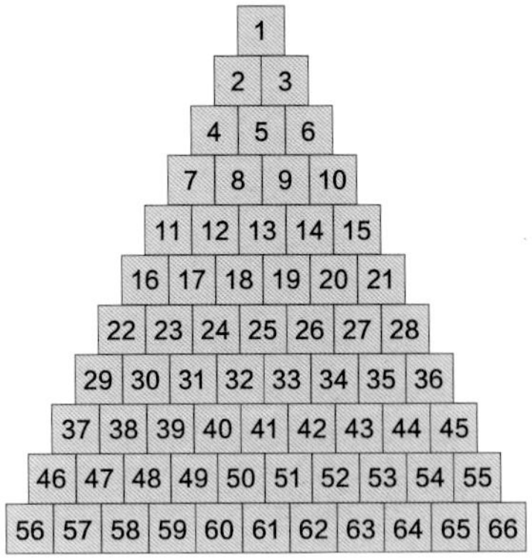

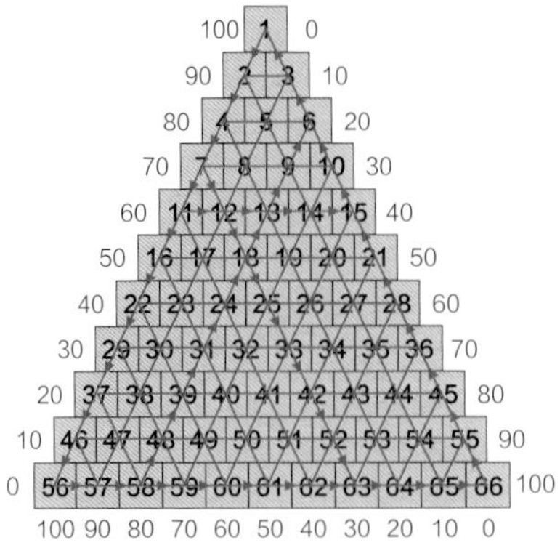

	釉料配方						
	氧化铁	杨木灰	所列配方		氧化铁	杨木灰	所列配方
1	4.76		95.24	34	1.35	8.96	89.69
2	4.31		95.69	35	1.32	10.57	88.11
3	4.23	1.88	93.89	36	1.30	12.12	86.58
4	3.85		96.15	37	1.00		99.00
5	3.77	1.89	94.34	38	0.97	1.14	97.09
6	3.70	3.70	92.60	39	0.95	3.81	95.24
7	3.38		96.62	40	0.93	5.61	93.46
8	3.32	1.90	94.78	41	0.92	7.34	91.74
9	3.26	3.72	93.02	42	0.90	9.00	90.10
10	3.20	5.48	91.32	43	0.88	10.62	88.50
11	2.91		97.09	44	0.87	12.17	86.96
12	2.86	1.90	95.24	45	0.85	13.68	85.47
13	2.80	3.74	93.46	46	0.50		99.50
14	2.75	5.50	91.75	47	0.49	1.95	97.56
15	2.70	7.20	90.10	48	0.48	3.83	95.69
16	2.44		97.56	49	0.47	5.63	93.90
17	2.40	1.91	95.69	50	0.46	7.37	92.17
18	2.35	3.76	93.89	51	0.45	9.05	90.50
19	2.30	5.53	92.17	52	0.44	10.67	88.89
20	2.26	7.24	90.50	53	0.44	12.23	87.33
21	2.22	8.89	88.89	54	0.43	13.73	85.84
22	1.94		98.04	55	0.42	15.19	84.39
23	1.92	1.92	96.16	56			100
24	1.89	3.77	94.34	57		1.96	98.04
25	1.85	5.56	92.59	58		3.85	96.15
26	1.82	7.27	90.91	59		5.66	94.34
27	1.79	8.93	89.28	60		7.41	92.59
28	1.75	10.53	87.72	61		9.10	90.90
29	1.48		98.52	62		10.71	89.29
30	1.45	1.93	96.62	63		12.28	87.72
31	1.42	3.79	94.79	64		13.79	86.21
32	1.40	5.58	93.02	65		15.25	84.75
33	1.37	7.31	91.32	66		16.67	83.33

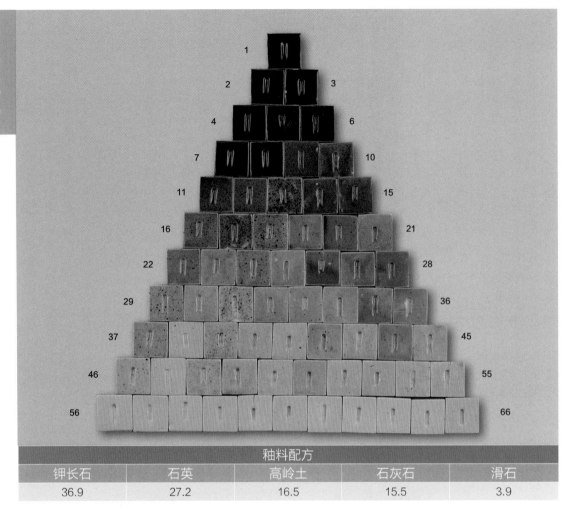

釉料配方				
钾长石	石英	高岭土	石灰石	滑石
36.9	27.2	16.5	15.5	3.9

烧成气氛：
还原 1260℃

坯料：
二青土 80%
黄土 20%

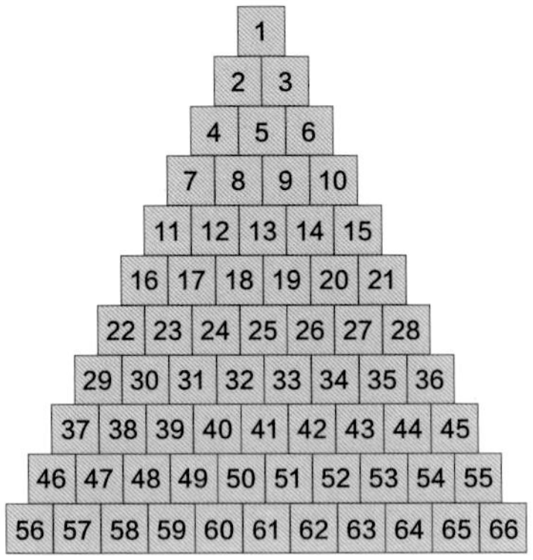

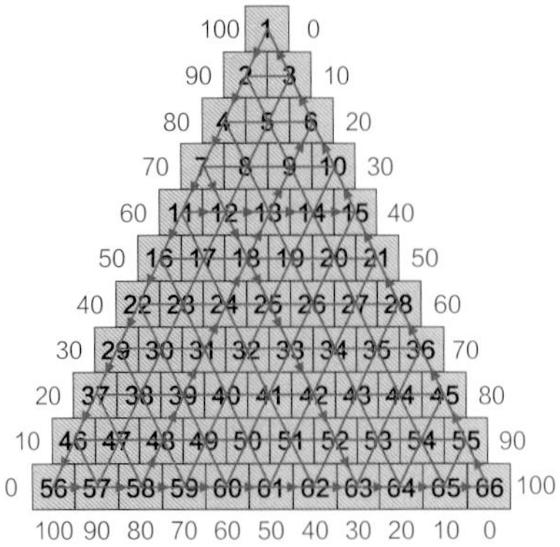

釉料配方							
	氧化铁	稻草灰	所列配方		氧化铁	稻草灰	所列配方
1	4.76		95.24	34	1.35	8.96	89.69
2	4.31		95.69	35	1.32	10.57	88.11
3	4.23	1.88	93.89	36	1.30	12.12	86.58
4	3.85		96.15	37	1.00		99.00
5	3.77	1.89	94.34	38	0.97	1.14	97.09
6	3.70	3.70	92.60	39	0.95	3.81	95.24
7	3.38		96.62	40	0.93	5.61	93.46
8	3.32	1.90	94.78	41	0.92	7.34	91.74
9	3.26	3.72	93.02	42	0.90	9.00	90.10
10	3.20	5.48	91.32	43	0.88	10.62	88.50
11	2.91		97.09	44	0.87	12.17	86.96
12	2.86	1.90	95.24	45	0.85	13.68	85.47
13	2.80	3.74	93.46	46	0.50		99.50
14	2.75	5.50	91.75	47	0.49	1.95	97.56
15	2.70	7.20	90.10	48	0.48	3.83	95.69
16	2.44		97.56	49	0.47	5.63	93.90
17	2.40	1.91	95.69	50	0.46	7.37	92.17
18	2.35	3.76	93.89	51	0.45	9.05	90.50
19	2.30	5.53	92.17	52	0.44	10.67	88.89
20	2.26	7.24	90.50	53	0.44	12.23	87.33
21	2.22	8.89	88.89	54	0.43	13.73	85.84
22	1.94		98.04	55	0.42	15.19	84.39
23	1.92	1.92	96.16	56			100
24	1.89	3.77	94.34	57		1.96	98.04
25	1.85	5.56	92.59	58		3.85	96.15
26	1.82	7.27	90.91	59		5.66	94.34
27	1.79	8.93	89.28	60		7.41	92.59
28	1.75	10.53	87.72	61		9.10	90.90
29	1.48		98.52	62		10.71	89.29
30	1.45	1.93	96.62	63		12.28	87.72
31	1.42	3.79	94.79	64		13.79	86.21
32	1.40	5.58	93.02	65		15.25	84.75
33	1.37	7.31	91.32	66		16.67	83.33

6.2　四边形试验

　　四种以上原料混合的釉也很普遍。四边形试验通过对四种原料或四个配方不同配比变化的比较，提供了大量可供选择的实验结果。

6.2.1　草木灰

有些草木灰自身即是良好的釉，通过对四种不同的草木灰之间进行有规律的调配，将会产生更为丰富的烧成效果。

6.2.2　天然矿物加草木灰

对各种天然矿物与各种草木灰之间进行有规律的调配，也会产生丰富的烧成效果。

6.2.3　天然矿物

某些天然矿物单独使用也是良好的釉，另一些天然矿物则不能单独成釉。对四种不同的天然矿物之间进行有规律的调配，会有不同的烧成效果产生。

草木灰

坯料配方	
二青土	黄土
80	20

烧成气氛：
氧化 1260℃

釉料配比									
	山草灰	树叶灰	松叶灰	黍秸灰		山草灰	树叶灰	松叶灰	黍秸灰
1	50	0	0	50	19	50	30	0	20
2	40	0	10	50	20	40	30	10	20
3	30	0	20	50	21	30	30	20	20
4	20	0	30	50	22	20	30	30	20
5	10	0	40	50	23	10	30	40	20
6	0	0	50	50	24	0	30	50	20
7	50	10	0	40	25	50	40	0	10
8	40	10	10	40	26	40	40	10	10
9	30	10	20	40	27	30	40	20	10
10	20	10	30	40	28	20	40	30	10
11	10	10	40	40	29	10	40	40	10
12	0	10	50	40	30	0	40	50	10
13	50	20	0	30	31	50	50	0	0
14	40	20	10	30	32	40	50	10	0
15	30	20	20	30	33	30	50	20	0
16	20	20	30	30	34	20	50	30	0
17	10	20	40	30	35	10	50	40	0
18	0	20	50	30	36	0	50	50	0

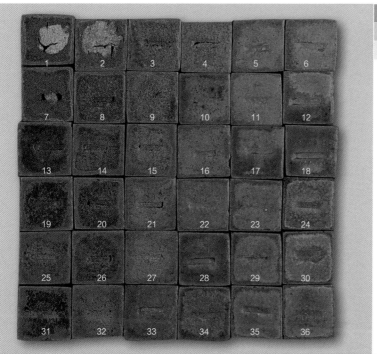

坯料配方	
二青土	黄土
80	20

烧成气氛：
氧化 1260℃

	釉料配比								
	果木灰	麦秸灰	杨木灰	玉米秸灰		果木灰	麦秸灰	杨木灰	玉米秸灰
1	50	0	0	50	19	50	30	0	20
2	40	0	10	50	20	40	30	10	20
3	30	0	20	50	21	30	30	20	20
4	20	0	30	50	22	20	30	30	20
5	10	0	40	50	23	10	30	40	20
6	0	0	50	50	24	0	30	50	20
7	50	10	0	40	25	50	40	0	10
8	40	10	10	40	26	40	40	10	10
9	30	10	20	40	27	30	40	20	10
10	20	10	30	40	28	20	40	30	10
11	10	10	40	40	29	10	40	40	10
12	0	10	50	40	30	0	40	50	10
13	50	20	0	30	31	50	50	0	0
14	40	20	10	30	32	40	50	10	0
15	30	20	20	30	33	30	50	20	0
16	20	20	30	30	34	20	50	30	0
17	10	20	40	30	35	10	50	40	0
18	0	20	50	30	36	0	50	50	0

草木灰

坯料配方	
二青土	黄土
80	20

烧成气氛：
氧化 1280℃

釉料配比								
	果木灰	麦秸灰	杨木灰	玉米秸灰		果木灰	麦秸灰	杨木灰	玉米秸灰
1	50	0	0	50	19	50	30	0	20
2	40	0	10	50	20	40	30	10	20
3	30	0	20	50	21	30	30	20	20
4	20	0	30	50	22	20	30	30	20
5	10	0	40	50	23	10	30	40	20
6	0	0	50	50	24	0	30	50	20
7	50	10	0	40	25	50	40	0	10
8	40	10	10	40	26	40	40	10	10
9	30	10	20	40	27	30	40	20	10
10	20	10	30	40	28	20	40	30	10
11	10	10	40	40	29	10	40	40	10
12	0	10	50	40	30	0	40	50	10
13	50	20	0	30	31	50	50	0	0
14	40	20	10	30	32	40	50	10	0
15	30	20	20	30	33	30	50	20	0
16	20	20	30	30	34	20	50	30	0
17	10	20	40	30	35	10	50	40	0
18	0	20	50	30	36	0	50	50	0

坯料配方	
二青土	黄土
80	20

烧成气氛：
氧化 1260℃

釉料配比									
	果木灰	山草灰	大理石	怀柔土		果木灰	山草灰	大理石	怀柔土
1	50	0	0	50	19	50	30	0	20
2	40	0	10	50	20	40	30	10	20
3	30	0	20	50	21	30	30	20	20
4	20	0	30	50	22	20	30	30	20
5	10	0	40	50	23	10	30	40	20
6	0	0	50	50	24	0	30	50	20
7	50	10	0	40	25	50	40	0	10
8	40	10	10	40	26	40	40	10	10
9	30	10	20	40	27	30	40	20	10
10	20	10	30	40	28	20	40	30	10
11	10	10	40	40	29	10	40	40	10
12	0	10	50	40	30	0	40	50	10
13	50	20	0	30	31	50	50	0	0
14	40	20	10	30	32	40	50	10	0
15	30	20	20	30	33	30	50	20	0
16	20	20	30	30	34	20	50	30	0
17	10	20	40	30	35	10	50	40	0
18	0	20	50	30	36	0	50	50	0

天然矿物
加草木灰

坯料配方	
二青土	黄土
80	20

烧成气氛：
氧化 1280℃

釉料配比								
	果木灰	稻草灰	大理石	怀柔土		果木灰	稻草灰	大理石	怀柔土
1	50	0	0	50	19	50	30	0	20
2	40	0	10	50	20	40	30	10	20
3	30	0	20	50	21	30	30	20	20
4	20	0	30	50	22	20	30	30	20
5	10	0	40	50	23	10	30	40	20
6	0	0	50	50	24	0	30	50	20
7	50	10	0	40	25	50	40	0	10
8	40	10	10	40	26	40	40	10	10
9	30	10	20	40	27	30	40	20	10
10	20	10	30	40	28	20	40	30	10
11	10	10	40	40	29	10	40	40	10
12	0	10	50	40	30	0	40	50	10
13	50	20	0	30	31	50	50	0	0
14	40	20	10	30	32	40	50	10	0
15	30	20	20	30	33	30	50	20	0
16	20	20	30	30	34	20	50	30	0
17	10	20	40	30	35	10	50	40	0
18	0	20	50	30	36	0	50	50	0

坯料配方	
二青土	黄土
80	20

釉料配比									
	果木灰	稻草灰	大理石	怀柔土		果木灰	稻草灰	大理石	怀柔土
1	50	0	0	50	19	50	30	0	20
2	40	0	10	50	20	40	30	10	20
3	30	0	20	50	21	30	30	20	20
4	20	0	30	50	22	20	30	30	20
5	10	0	40	50	23	10	30	40	20
6	0	0	50	50	24	0	30	50	20
7	50	10	0	40	25	50	40	0	10
8	40	10	10	40	26	40	40	10	10
9	30	10	20	40	27	30	40	20	10
10	20	10	30	40	28	20	40	30	10
11	10	10	40	40	29	10	40	40	10
12	0	10	50	40	30	0	40	50	10
13	50	20	0	30	31	50	50	0	0
14	40	20	10	30	32	40	50	10	0
15	30	20	20	30	33	30	50	20	0
16	20	20	30	30	34	20	50	30	0
17	10	20	40	30	35	10	50	40	0
18	0	20	50	30	36	0	50	50	0

烧成气氛：
氧化 1260℃

烧成气氛：
氧化 1260℃

坯料配方	
二青土	黄土
80	20

釉料配方 ｜ 天然矿物加草木灰

#	长石	高岭土	果木灰	麦秸灰	#	长石	高岭土	果木灰	麦秸灰	#	长石	高岭土	果木灰	麦秸灰
1	0	50	50	0	41	35	35	15	15	81	15	15	35	35
2	5	50	45	0	42	40	35	10	15	82	20	15	30	35
3	10	50	40	0	43	45	35	5	15	83	25	15	25	35
4	15	50	35	0	44	50	35	0	15	84	30	15	20	35
5	20	50	30	0	45	0	30	50	20	85	35	15	15	35
6	25	50	25	0	46	5	30	45	20	86	40	15	10	35
7	30	50	20	0	47	10	30	40	20	87	45	15	5	35
8	35	50	15	0	48	15	30	35	20	88	50	15	0	35
9	40	50	10	0	49	20	30	30	20	89	0	10	50	40
10	45	50	5	0	50	25	30	25	20	90	5	10	45	40
11	50	50	0	0	51	30	30	20	20	91	10	10	40	40
12	0	45	50	5	52	35	30	15	20	92	15	10	35	40
13	5	45	45	5	53	40	30	10	20	93	20	10	30	40
14	10	45	40	5	54	45	30	5	20	94	25	10	25	40
15	15	45	35	5	55	50	30	0	20	95	30	10	20	40
16	20	45	30	5	56	0	25	50	25	96	35	10	15	40
17	25	45	25	5	57	5	25	45	25	97	40	10	10	40
18	30	45	20	5	58	10	25	40	25	98	45	10	5	40
19	35	45	15	5	59	15	25	35	25	99	50	10	0	40
20	40	45	10	5	60	20	25	30	25	100	0	5	50	45
21	45	45	5	5	61	25	25	25	25	101	5	5	45	45
22	50	45	0	5	62	30	25	20	25	102	10	5	40	45
23	0	40	50	10	63	35	25	15	25	103	15	5	35	45
24	5	40	45	10	64	40	25	10	25	104	20	5	30	45
25	10	40	40	10	65	45	25	5	25	105	25	5	25	45
26	15	40	35	10	66	50	25	0	25	106	30	5	20	45
27	20	40	30	10	67	0	20	50	30	107	35	5	15	45
28	25	40	25	10	68	5	20	45	30	108	40	5	10	45
29	30	40	20	10	69	10	20	40	30	109	45	5	5	45
30	35	40	15	10	70	15	20	35	30	110	50	5	0	45
31	40	40	10	10	71	20	20	30	30	111	0	0	50	50
32	45	40	5	10	72	25	20	25	30	112	5	0	45	50
33	50	40	0	10	73	30	20	20	30	113	10	0	40	50
34	0	35	50	15	74	35	20	15	30	114	15	0	35	50
35	5	35	45	15	75	40	20	10	30	115	20	0	30	50
36	10	35	40	15	76	45	20	5	30	116	25	0	25	50
37	15	35	35	15	77	50	20	0	30	117	30	0	20	50
38	20	35	25	15	78	0	15	50	35	118	35	0	15	50
39	25	35	25	15	79	5	15	45	35	119	40	0	10	50
40	30	35	20	15	80	10	15	40	35	120	45	0	5	50
										121	50	0	0	50

烧成气氛：
氧化 1260℃

坯料配方	
二青土	黄土
80	20

釉料配方

#	长石	高岭土	石灰石	果木灰	#	长石	高岭土	石灰石	果木灰	#	长石	高岭土	石灰石	果木灰
1	0	50	50	0	41	35	35	15	15	81	15	15	35	35
2	5	50	45	0	42	40	35	10	15	82	20	15	30	35
3	10	50	40	0	43	45	35	5	15	83	25	15	25	35
4	15	50	35	0	44	50	35	0	15	84	30	15	20	35
5	20	50	30	0	45	0	30	50	20	85	35	15	15	35
6	25	50	25	0	46	5	30	45	20	86	40	15	10	35
7	30	50	20	0	47	10	30	40	20	87	45	15	5	35
8	35	50	15	0	48	15	30	35	20	88	50	15	0	35
9	40	50	10	0	49	20	30	30	20	89	0	10	50	40
10	45	50	10	0	50	25	30	25	20	90	5	10	45	40
11	50	50	0	0	51	30	30	20	20	91	10	10	40	40
12	0	45	50	5	52	35	30	15	20	92	15	10	35	40
13	5	45	45	5	53	40	30	10	20	93	20	10	30	40
14	10	45	40	5	54	45	30	5	20	94	25	10	25	40
15	15	45	35	5	55	50	30	0	20	95	30	10	20	40
16	20	45	30	5	56	0	25	50	25	96	35	10	15	40
17	25	45	25	5	57	5	25	45	25	97	40	10	10	40
18	30	45	20	5	58	10	25	40	25	98	45	10	5	40
19	34	45	15	5	59	15	25	35	25	99	50	10	0	40
20	40	45	10	5	60	20	25	30	25	100	0	5	50	45
21	45	45	5	5	61	25	25	25	25	101	5	5	45	45
22	50	45	0	5	62	30	25	20	25	102	10	5	40	45
23	0	40	50	10	63	35	25	15	25	103	15	5	35	45
24	5	40	45	10	64	40	25	10	25	104	20	5	30	45
25	10	40	40	10	65	45	25	5	25	105	25	5	25	45
26	15	40	35	10	66	50	25	0	25	106	30	5	20	45
27	20	40	30	10	67	0	20	50	30	107	35	5	15	45
28	25	40	25	10	68	5	20	45	30	108	40	5	10	45
29	30	40	20	10	69	10	20	40	30	109	45	5	5	45
30	35	40	15	10	70	15	20	35	30	110	50	5	0	45
31	40	40	10	10	71	20	20	30	30	111	0	0	50	50
32	45	40	5	10	72	25	20	25	30	112	5	0	45	50
33	50	40	0	10	73	30	20	20	30	113	10	0	40	50
34	0	35	50	15	74	35	20	15	30	114	15	0	35	50
35	5	35	45	15	75	40	20	10	30	115	20	0	30	50
36	10	35	40	15	76	45	20	5	30	116	25	0	25	50
37	15	35	35	15	77	50	20	0	30	117	30	0	20	50
38	20	35	25	15	78	0	15	50	35	118	35	0	15	50
39	25	35	25	15	79	5	15	45	35	119	40	0	10	50
40	30	35	20	15	80	10	15	40	35	120	45	0	5	50
										121	50	0	0	50

天然矿物加草木灰

烧成气氛：
氧化 1260℃

坯料配方	
二青土	黄土
80	20

釉料配方														
	高岭土	长石	石英	石灰石		高岭土	长石	石英	石灰石		高岭土	长石	石英	石灰石
1	0	50	50	0	41	35	35	15	15	81	15	15	35	35
2	5	50	45	0	42	40	35	10	15	82	20	15	30	35
3	10	50	40	0	43	45	35	5	15	83	25	15	25	35
4	15	50	35	0	44	50	35	0	15	84	30	15	20	35
5	20	50	30	0	45	0	30	50	20	85	35	15	15	35
6	25	50	25	0	46	5	30	45	20	86	40	15	10	35
7	30	50	20	0	47	10	30	40	20	87	45	15	5	35
8	35	50	15	0	48	15	30	35	20	88	50	15	0	35
9	40	50	10	0	49	20	30	30	20	89	0	10	50	40
10	45	50	10	0	50	25	30	25	20	90	5	10	45	40
11	50	50	0	0	51	30	30	20	20	91	10	10	40	40
12	0	45	50	5	52	35	30	15	20	92	15	10	35	40
13	5	45	45	5	53	40	30	10	20	93	20	10	30	40
14	10	45	40	5	54	45	30	5	20	94	25	10	25	40
15	15	45	35	5	55	50	30	0	20	95	30	10	20	40
16	20	45	30	5	56	0	25	50	25	96	35	10	15	40
17	25	45	25	5	57	5	25	45	25	97	40	10	10	40
18	30	45	20	5	58	10	25	40	25	98	45	10	5	40
19	35	45	15	5	59	15	25	35	25	99	50	10	0	40
20	40	45	10	5	60	20	25	30	25	100	0	5	50	45
21	45	45	5	5	61	25	25	25	25	101	5	5	45	45
22	50	45	0	5	62	30	25	20	25	102	10	5	40	45
23	0	40	50	10	63	35	25	15	25	103	15	5	35	45
24	5	40	45	10	64	40	25	10	25	104	20	5	30	45
25	10	40	40	10	65	45	25	5	25	105	25	5	25	45
26	15	40	35	10	66	50	25	0	25	106	30	5	20	45
27	20	40	30	10	67	0	20	50	30	107	35	5	15	45
28	25	40	25	10	68	5	20	45	30	108	40	5	10	45
29	30	40	20	10	69	10	20	40	30	109	45	5	5	45
30	35	40	15	10	70	15	20	35	30	110	50	5	0	45
31	40	40	10	10	71	20	20	30	30	111	0	0	50	50
32	45	40	5	10	72	25	20	25	30	112	5	0	45	50
33	50	40	0	10	73	30	20	20	30	113	10	0	40	50
34	0	35	50	15	74	35	20	15	30	114	15	0	35	50
35	5	35	45	15	75	40	20	10	30	115	20	0	30	50
36	10	35	40	15	76	45	20	5	30	116	25	0	25	50
37	15	35	35	15	77	50	20	0	30	117	30	0	20	50
38	20	35	30	15	78	0	15	50	35	118	35	0	15	50
39	25	35	25	15	79	5	15	45	35	119	40	0	10	50
40	30	35	20	15	80	10	15	40	35	120	45	0	5	50
										121	50	0	0	50

附　录

此部分介绍了一些常用原料与工具，乃试釉必备。由于所处情况不同，原料与工具常会因地、因使用者而异。此处所列，乃著者所使用之部分品类，仅供参考。

化学试剂

1 碱式碳酸铜

$CuCO_3 \cdot Cu(OH)_2 \cdot xH_2O$

2 三氧化二钴

Co_2O_3

3 二氧化锰

MnO_2

4 碳酸锰

$MnCO_3$

5 二氧化钛

TiO_2

6 氧化铝

Al_2O_3

7 皂土

8 碱式碳酸镁

$Mg_2(OH)_2CO_3$

9 氧化锆

ZrO_2

10 氧化钙
CaO

11 氟化钙
CaF_2

12 氧化银
Ag_2O

13 碳酸钡
$BaCO_3$

14 黑色氧化镍
Ni_2O_3

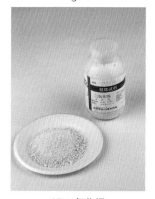

15 二氧化锡
SnO_2

16 硼酸
H_3BO_3

17 氧化锌
ZnO

18 无水碳酸钾
K_2CO_3

19 铅粉

Pb

20 三氧化二铁

Fe₂O₃

21 三氧化二铬

Cr₂O₃

22 氧化镁

MgO

23 重铬酸钾

K₂Cr₂O₇

24 氧化铜

CuO

25 五氧化二磷

P₂O₅

26 无水碳酸钠

Na₂CO₃

27 磷酸钙

Ca₃(PO₄)₂

28 碱式碳酸镁

$Mg(OH)_2 \cdot 4MgCO_3 \cdot 6H_2O$

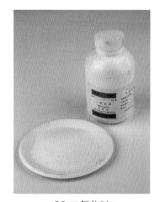

29 二氧化硅

SiO_2

30 四硼酸钠

$Na_2B_4O_7 \cdot 10H_2O$

31 氯化锂

$LiCl \cdot H_2O$

32 氢氧化锂

$LiOH \cdot H_2O$

33 硝酸锶

$Sr(NO_3)_2$

34 硝酸铋

$Bi(NO_3)_3 \cdot 5H_2O$

35 钼酸胺

$(NH_4)_6Mo_7O_{24} \cdot 4H_2O$

36 硫酸锰

$MnSO_4 \cdot H_2O$

陶瓷原料

1 樱花红（大理石）

2 黑墨石（大理石）

3 虎皮白（大理石）

4 意大利大理石

5 蒙古黑（大理石）

6 沙崖（大理石）

7 汉白玉（大理石）

8 黑白点（大理石）

9 花玉白（大理石）

10 新绯红（大理石）

11 孔雀绿（大理石）

12 西域红（大理石）

13 晶墨石（大理石）

14 珠白麻（大理石）
15 芝虾石

16 晶白玉（大理石）
17 虎皮白（大理石）

18 黑白花（大理石）
19 珍品白（大理石）

20 北京昌平风化石

21 北京门头沟煤矸石

22 蘑菇石（千层石）

23 北京昌平粉石料（黑崖石）

24 北京门头沟白岩石

25 石灰石（大白块）

26 北京昌平白云石

27 石灰石

陶瓷原料

28 北京怀柔鹅卵石

29 北京昌平鹅卵石

30 北京房山花岗岩

31 山东焦宝石

32 浮梁柳家湾矿石
33 瓷石

34 山东长石
35 泰安石英

36 日本濑户土料

37 钾长石

38 北京通州黄土

39 北京昌平崖下黄土

40 北京怀柔黑崖黄土

41 苏州高岭土

42 北京大兴黄土

43 邯郸大青土
44 邯郸二青土

45 大同缸料
46 邯郸缸料

47 宜兴红泥
48 宜兴黑泥

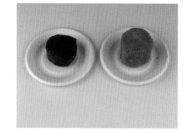

49 宜兴墨绿泥
50 宜兴段泥

51 河北平泉玉米秸灰（未处理）
52 河北平泉玉米秸灰（经淘洗）

53 河北平泉杨木灰（未处理）
54 河北平泉杨木灰（经淘洗）

55 河北平泉树叶灰（经淘洗）
56 河北平泉树叶灰（未处理）

57 河北平泉黍秸灰（未处理）
58 河北平泉黍秸灰（经淘洗）

59 河北平泉山草灰（经淘洗）
60 河北平泉松叶灰（未处理）

61 河北平泉麦秸灰（经淘洗）
62 河北平泉稻草灰（经淘洗）

63 陕西陈炉牛骨（烧 800℃）

1 乳钵

2 台秤

3 试片模具

4 天平

5 球磨罐

6 铁钵

后记

　　试验之初仅为教学做些尝试，并没有出版之设想。进行之中，时而有令人惊喜的釉出现。同学们高兴，我也欣慰。后来同学们逐渐有了抄写配方的要求，大概因为釉方乃秘方的观念作怪，向我提出要求时，有时显得不很自然。我的职业是传授知识，研究的目的就是传授，对于同学们的求知，自然是毫无保留的。为给大家省点时间，决定出版此书。不承想为成书，前后耗时近三年之久。

　　需要一提的是，本书第2章 "釉层的显微结构与表层效果" 和第3章 "釉的试验方法" 中很多知识引自李家驹先生主编的《陶瓷工艺学》。若欲深入研究，我推荐诸位认真阅读这本普通高等教育 "九五" 国家级重点教材。

　　付梓之际，衷心感谢关心此书和帮助过我的所有朋友。感谢罗慧、徐妍、杨婧、蔡珍友、殷岳、孙琳、李艳、林利、崔大圭、杨帆、巴琳诸君的鼎力协助，感谢周容老师对书籍装帧的精心设计，感谢清华大学材料系岳振兴老师的认真校阅。否则，还不知要延时多久。

著者
2005 年 5 月

参考文献

1　夏邦栋，刘寿和编著.　　地质学概论
　　北京：高等教育出版社，1992

2　华南农学院主编.　　地质学基础
　　北京：农业出版社，1982

3　杜海清编著.　　陶瓷釉彩
　　长沙：湖南科学技术出版社，1985

4　王成兴编著.　　硅酸盐工业矿物原料基础知识
　　北京：中国轻工业出版社，1984

5　达尼埃尔·罗斯.　　陶艺的黏土和釉药
　　日贸出版社，2000

6　埃玛尼埃尔·库巴，黛利库·劳伊尔.　　南云龙比古，译.　　陶艺釉药入门
　　日贸出版社，1996

7　李家驹主编.　　陶瓷工艺学
　　北京：中国轻工业出版社，2001

8　俞康泰主编.　现代陶瓷色釉料与装饰技术手册
　　武汉：武汉工业大学出版社，1999

9　李恒德主编.　现代材料科学与工程辞典
　　济南：山东科学技术出版社，2001

10　蔡作乾等主编.　陶瓷材料辞典
　　北京：化学工业出版社，2002

11　宋心琦主编.　实用化学化工辞典
　　北京：宇航出版社，1995

12　中国硅酸盐学会，中国建筑工业出版社编.　硅酸盐辞典
　　北京：中国建筑工业出版社，1984

13　中国大百科全书总编辑委员会矿冶编辑委员会，中国大百科全书出版社编辑部编.　中国大百科全书——矿冶
　　北京：中国大百科全书出版社，1984

14　非金属矿工业手册编辑委员会编.　非金属矿工业手册
　　北京：冶金工业出版社，1992